METATEMAS 10

METATEMAS. LIBROS PARA PENSAR LA CIENCIA
COLECCIÓN CREADA POR JORGE WAGENSBERG

* Alef, símbolo de los números transfinitos de Cantor

Erwin Schrödinger

CIENCIA Y HUMANISMO

Traducción de Francisco Martín

Título original: *Science and Humanism*

1.ª edición: mayo de 1985
1.ª edición en esta presentación: febrero de 2024

Traducción de Francisco Martín
Reservados todos los derechos de esta edición para
Tusquets Editores, S.A. – Avda. Diagonal, 662-664
08034 Barcelona
www.tusquetseditores.com
ISBN: 978-84-1107-403-2
Depósito legal: B. 371-2024
Fotocomposición: Realización Tusquets Editores
Impresión y encuadernación: Liberdúplex, S.L.
Impreso en España

Índice

Prólogo 11

Influencia espiritual de la ciencia en
   la vida 13
Los logros prácticos de la ciencia
   tienden a ocultar su auténtico
   sentido 22
El cambio radical en nuestro concepto
   de materia 25
Forma —no sustancia— el concepto
   fundamental 33
La naturaleza de nuestros «modelos» 37
Descripción continua y causalidad 42
El embrollo del *continuum* 46
El remiendo de la mecánica
   ondulatoria 58
La supuesta brecha en la barrera entre
   sujeto y objeto 68
Átomos o cuantos. El antiguo
   exorcismo para soslayar el embrollo
   del *continuum* 75
¿Qué posibilidades tiene el libre albedrío
   frente a la indeterminación física? 80

El impedimento de la predicción según
    Niels Bohr   87

Bibliografía   93

A mi compañera
a lo largo de treinta años

Prólogo

Estas páginas son una recopilación de cuatro conferencias pronunciadas, bajo el patrocinio del Dublin Institute for Adavanced Studies, en el University College de Dublín en febrero de 1950, dentro del ciclo «La ciencia como elemento del humanismo». Ni el ciclo ni el título abreviado de este volumen cubren debidamente el tema, sino tan solo las primeras secciones. En las páginas restantes, y a partir de la número 25, he intentado exponer la situación actual de la física siguiendo su desarrollo en este siglo y ateniéndome a la descripción desde el punto de vista que expresan el título y la primera parte, dando así una especie de ejemplo de mi modo de interpretar el esfuerzo científico como parte del esfuerzo humano por comprender la situación del hombre.

Quedo muy agradecido a la editorial Cambridge University Press por la rápida edición del librito y a Miss Mary Houston del Dublin Institute por la elaboración de las figuras y la lectura de las pruebas de imprenta.

E.S., marzo de 1951

Influencia espiritual
de la ciencia en la vida

¿Qué valor tiene la investigación científica? Nadie ignora que en nuestro tiempo, más que en ninguna otra época, cualquier hombre o mujer que desee aportar una auténtica contribución al progreso científico no puede eludir la especialización. Esto significa intensificar el esfuerzo personal para asimilar todo el acervo de conocimientos en un terreno concreto para luego tratar de acrecentarlo con el trabajo individual, mediante estudios, experiencia y reflexión. Hallándose inmerso en semejante actividad especializada, es natural que uno olvide a veces la finalidad práctica. ¿Tiene un valor en sí el progreso del conocimiento en un campo concreto limitado? ¿Tiene el balance general de los adelantos en las distintas especialidades de una ciencia —la física, la química, la botánica o la zoología— un valor intrínseco, o lo tiene el conjunto de logros de todas las ciencias, y cuál es ese valor?

Muchos, en particular los que no muestran interés por la ciencia, se inclinan a responder esta pregunta aludiendo a las consecuencias prácticas de los adelantos científicos aportados por la tecnología, la industria, la ingeniería, etc., que de hecho han modificado hasta límites insospechados nuestro modo de vida en menos de dos siglos, y en el futuro aportarán cambios aún más sustanciales.

Pocos científicos suscribirían esta apreciación utilitaria de su quehacer. Las consideraciones cualitativas son, qué duda cabe, las más delicadas, pues resulta difícil oponerles argumentos irrefutables. Pero señalaré tres de importancia en mi intento de refutar tal postura.

En primer lugar, considero que la ciencia natural se sitúa aproximadamente al mismo nivel que otros tipos de aprendizaje —o *Wissenschaft,* por utilizar el sustantivo alemán— en universidades y otras instituciones que trabajan para el progreso del saber. Consideremos el estudio o la investigación en historia, lenguas, filosofía, geografía —o en historia de la música, de la pintura, de la escultura, de la arquitectura— o en arqueología y prehistoria. A nadie le gustaría relacionar estas actividades, en cuanto propósito fundamental, con la mejora práctica de las condiciones de la sociedad humana, pese a que de ellas suele con frecuencia extraerse mejoras. En este sentido, no veo por qué la ciencia habría de gozar de una posición distinta.

Por otra parte (y este es mi segundo argumento), hay ciencias naturales que con toda evidencia no influyen de forma práctica en la vida social, como lo son la astrofísica, la cosmología y algunas ramas de la geofísica; la sismología, pongamos por caso. Sabemos lo bastante sobre terremotos como para ser perfectamente conscientes de la exigua posibilidad de preverlos y alertar a la gente para que desaloje sus viviendas, como se avisa a las embarcaciones de bajura para que regresen a puerto ante la inminencia de un temporal. Lo más que la sismología puede hacer es informar a la población de cuáles son las zonas peligrosas que, mucho me temo, suelen ser más conocidas de todos gracias a la triste y simple experiencia personal que gracias a la ciencia. Aun así, la densidad de población en esas zonas es con frecuencia alta debido a la necesidad más urgente de un suelo fértil.

Considero además muy dudoso que la felicidad de la humanidad haya aumentado gracias a los progresos técnicos e industriales que ha aportado el rápido auge de la ciencia natural. No puedo extenderme en detalles y no mencionaré los futuros progresos que probablemente contaminarán de radiactividad artificial la superficie de la tierra, con las graves consecuencias para el ser humano expuestas por Aldous Huxley en su trágica e interesante novela *Mono y esencia*. Me limitaré a mencionar la «maravillosa reducción» del mundo por efecto de los increíbles medios de transporte modernos. Todas las distancias han quedado reducidas prácticamente a su mínima expresión si las consideramos, no en kilómetros, sino en horas cubiertas por los medios más rápidos. Pero si las medimos en base al coste del medio de transporte más barato, vemos que, en los 10 o 20 últimos años, se han duplicado o triplicado. Como consecuencia, muchas familias y grupos de amigos se hallan esparcidos por el globo de un modo sin precedentes. En muchos casos estas personas no disponen de suficiente fortuna para reunirse y, en otros, solo vuelven a verse brevemente a costa de enormes sacrificios para darse un adiós definitivo con el corazón angustiado. ¿Hace esto feliz al ser humano? Son simples ejemplos elocuentes de por sí, pero podríamos extendernos horas sobre el tema.

Pero volvamos a los aspectos menos desastrosos de las actividades humanas. Tendrán sin duda en la punta de la lengua la pregunta: entonces, ¿cuál es, para usted, el valor de la ciencia natural? A lo que respondo: su objetivo, alcance y valor son los mismos que los de cualquier otra rama del saber humano. Pero ninguna de ellas por sí sola tiene ningún alcance o valor si no van unidas. Y este valor tiene una definición muy simple: obedecer el mandato de la deidad délfica: νῶθι σεαυτόν, «conócete a ti mismo». O, por decirlo en pocas palabras según la profunda retórica de Plotino (Enn. VI, 4, 14): ἡμεῖς δέ, τίνές δέ ἡμεῖς: «Y nosotros, ¿qué somos en el fondo?». El propio Plotino prosigue: «Quizás *fuéramos* antes ya de que existiera la creación, seres humanos de otro tipo, o cierta clase de dioses, una combinación pura de alma y espíritu unida a todo el universo, parte del mundo inteligible, no separados y distanciados, sino unos en el todo».

Nazco en un medio y no sé de dónde vengo, adonde voy ni quién soy. Esto le pasa a todo el mundo. El hecho de que todos hayan estado siempre en esta situación y vayan siempre a estarlo, de nada me sirve. La cuestión candente es dónde y adonde; lo único que podemos observar es nuestro entorno presente. Por ello nos esforzamos en averiguar lo más posible. Eso es la ciencia, aprendizaje, saber; esa es la verdadera fuente de todo el esfuerzo espiritual del hombre. Tratamos de averiguar lo más posible sobre el medio espacial y temporal del lugar en que nos encontramos por el hecho de nacer. Y, conforme aprendemos, nos gusta, lo encontramos sumamente interesante. ¿No será quizás ese el fin para el que estamos aquí?

Parece claro y evidente, pero hay que decirlo: el saber aislado, conseguido por un grupo de especialistas en un campo limitado, no tiene ningún valor, únicamente su síntesis con el resto del saber, y esto en tanto que esta síntesis contribuya realmente a responder al interrogante τίνές δέ ἡμεῖς («¿qué somos?»).

José Ortega y Gasset, el gran filósofo español, que ha regresado ahora a Madrid tras largos años de exilio (aunque, creo, es tan poco fascista como socialdemócrata, es decir, simplemente es una persona razonable), publicó en los años veinte una serie de artículos, recopilados más tarde en un interesante volumen titulado *La rebelión de las masas*. No piensen que tenga algo que ver con la revolución social o de otro tipo, la *rebelión* orteguiana es puramente metafórica. La era del maquinismo ha tenido como consecuencia elevar enormemente la cifra de población y el volumen de sus necesidades a niveles imprevisibles y sin precedentes. La vida cotidiana de todos nosotros está cada vez más vinculada a la necesidad de poner coto a esa cifra. Sea cual fuere la necesidad o el deseo, un trozo de pan o un kilo de mantequilla, un billete de autobús o una entrada de teatro, unas tranquilas vacaciones o un pasaporte, una habitación para vivir o un trabajo para subsistir..., siempre habrá una enorme cantidad de personas con la misma necesidad o deseo. Los nuevos progresos y situaciones creados por esta inflación de cifras sin precedente constituyen el argumento del libro de Ortega, matizado con interesantes observaciones. Por dar un ejemplo —aunque ahora no venga al caso— mencionaré el título de uno de los capítulos: «El mayor peligro, el Estado». Ortega afirma que el poder creciente del Estado coartando la libertad individual —so pretexto de proteger al ciudadano más de lo necesario— constituye el mayor peligro para el futuro desarrollo de la cultura *(kultur)*. Pero el capítulo al que quiero referirme es el anterior, titulado «La barbarie del especialismo». A primera vista, puede parecer paradójico y chocante. En él Ortega traza una cruda panorámica del científico especializado en cuanto arquetipo de la canalla bruta e ignorante —el *hombre masa*— que pone en peligro la supervivencia de la humanidad. Me limitaré a citar algunos párrafos de su deliciosa descripción de ese «tipo de científico sin precedente en la Historia»:

> Es un hombre que, de todo lo que hay que saber para ser un personaje discreto, conoce solo una ciencia determinada, y aun de esa ciencia solo conoce bien la pequeña porción en que él es activo investigador. Llega a proclamar como una virtud el no enterarse de cuanto queda fuera del angosto paisaje que especialmente cultiva, y llama diletantismo a la curiosidad por el conjunto del saber.
>
> El caso es que, recluido en la estrechez de su campo visual, consigue, en efecto, descubrir nuevos hechos y hacer avanzar su ciencia, que él apenas conoce, y con ella la enciclopedia del pensamiento, que concienzudamente desconoce. ¿Cómo ha sido y cómo es posible cosa semejan-

te? Porque conviene recalcar la extravagancia de este hecho innegable: la ciencia experimental ha progresado en buena parte merced al trabajo de hombres fabulosamente mediocres y aun menos que mediocres.

No sigo citando a Ortega, pero les recomiendo que se hagan con el libro y lo lean. En los veintitantos años transcurridos desde la primera edición he podido observar muy halagüeños indicios de oposición al deplorable estado de cosas denunciado por Ortega. No es que podamos prescindir por entero de la especialización, pues resultaría imposible si queremos que siga el progreso, pero la idea de que esta no es una virtud, sino un mal inevitable, va ganando terreno. Se va imponiendo el convencimiento de que toda investigación especializada únicamente posee un valor auténtico en el contexto de la totalidad del saber. Progresivamente van perdiendo terreno las voces que acusan de diletantismo a quien se atreve a pensar, hablar o escribir sobre temas que requieren algo más que la formación especializada que da derecho a una «licenciatura» o un «diploma». Cualquier ladrido extemporáneo procede siempre de dos campos muy concretos —muy científicos o muy poco científicos— y los motivos de protesta son en ambos casos muy claros.

En un artículo sobre «Las universidades alemanas» (publicado el 11 de diciembre de 1949 en *The Observer*), Robert Birley, rector de Eton, citaba unos párrafos del informe de la Comisión Alemana de Reforma Universitaria, haciendo hincapié en su total aprobación. Estos son los términos del informe:

Todo enseñante de universidad técnica debería poseer las siguientes virtudes:

a) Asumir los límites de su propia disciplina. Hacer conscientes a los estudiantes de estos límites a través de su docencia y mostrarles que, más allá de ellos, entran en juego fuerzas que no son estrictamente racionales, sino que provienen de la vida misma y de la sociedad.

b) Mostrar en cada disciplina cómo conduce esta más allá de su campo limitado a perspectivas de por sí más amplias, etc.

No es que estas formulaciones sean completamente originales, pero ¿cabe esperarse originalidad de un comité o comisión encargado de semejante tarea?

La humanidad en masa siempre es un lugar común. Sin embargo, es halagüeño y encomiable que vaya prevaleciendo semejante actitud. La única crítica, si cabe, sería la de que no es lógico que estos requisitos hayan de ser únicamente aplicables a los profesores de las universidades técnicas alemanas, pues opino que serían de rigor para *cualquier* profesor de *cualquier* universidad, y aun de cualquier escuela del mundo, y los formularía de la siguiente manera:

No perder nunca de vista el papel que desempeña la disciplina que se imparte dentro del gran espectáculo tragicómico de la vida humana; mantenerse en contacto con la vida —no tanto con la vida práctica, sino más bien con el trasfondo idealista de la vida, que es aún mucho más importante. *Mantener la vida en contacto contigo*. Si —a la larga— no consigues explicar a la gente lo que has estado haciendo, el esfuerzo habrá sido inútil.

Los logros prácticos de la ciencia tienden a ocultar su auténtico sentido

Considero las conferencias, que los estatutos del Instituto nos exigen anualmente, uno de los mejores medios para establecer y mantener ese contacto en nuestro terreno acotado. De hecho, creo que es su único objetivo. No es tarea fácil, pues requiere de antemano ciertas premisas, y, como saben, la formación científica anda muy descuidada, no solo en países determinados, aunque sí en unos más que en otros. Es un mal heredado de generación en generación. La mayoría de las personas cultivadas no muestran interés por la ciencia y no se aperciben de que el saber científico forma parte del trasfondo idealista de la vida humana. Muchos creen —en su absoluta ignorancia de lo que realmente es la ciencia— que su principal cometido es el de inventar, o ayudar a inventar nueva maquinaria para mejorar las condiciones de vida. Están dispuestos a dejar esta tarea en manos de los especialistas, al igual que dejan la reparación de las cañerías en manos del fontanero. Si personas con semejante visión del mundo son las que disponen de la vida de nuestros hijos, llegaremos inevitablemente al resultado que acabo de exponer.

Qué duda cabe de que sobran razones históricas para que aún se den estas circunstancias. La influencia de la ciencia en el trasfondo idealista de la vida siempre ha sido importante, salvo, quizás, en la Edad Media cuando la ciencia europea era prácticamente inexistente. Pero confesemos que también en los tiempos modernos se produce un espejismo por el que se puede fácilmente caer en la falacia de subestimar la tarea idealista de la ciencia. En mi opinión, el origen de este espejismo se sitúa hacia la segunda mitad del siglo XIX, periodo de un auge científico sin igual, en el que la industria y la ingeniería ejercieron tan marcada influencia en los aspectos materiales de la vida que la mayoría de las personas olvidó todas las demás relaciones. Pero lo peor es que el tremendo desarrollo material produjo una perspectiva materialista, supuestamente derivada de los nuevos descubrimientos científicos. Creo que estos acontecimientos contribuyeron en muchos aspectos, a lo largo del medio siglo siguiente (periodo que ahora toca a su fin), al deliberado descuido de la ciencia por parte de la gente. Porque siempre se produce un desfase temporal entre la opinión de los individuos cultos y la opinión que el público se forma de las opiniones de esa élite cultivada. No creo insensato afirmar que un promedio de desfase de cincuenta años sea exagerado.

Sea como sea, en los últimos cincuenta años —primera mitad del siglo xx— hemos sido testigos de un progreso científico general —y de la física en particular— que ha transformado, como nunca antes lo había hecho, la visión occidental de lo que con frecuencia se ha dado en llamar Condición Humana. No me cabe la menor duda de que tardaremos otros cincuenta años aproximadamente para que el círculo de los cultos se percate de este cambio. Naturalmente, no soy un soñador idealista que pretende acelerar más de la cuenta el proceso por medio de unas cuantas conferencias. Pero, por otra parte, este proceso de asimilación no es automático. *Debemos impulsarlo nosotros.* Y yo contribuyo a ello en el convencimiento de que otros también aportarán su esfuerzo. Forma parte de nuestra tarea en la vida.

El cambio radical en nuestro concepto de materia

Hablaremos ahora de ciertos temas concretos. Lo expuesto hasta aquí puede parecer algo extenso para una simple introducción, pero creo que es interesante en sí —y no pude evitarlo—. Había, además, que aclarar la situación: ninguno de los nuevos descubrimientos que voy a mencionar les parecerá de por sí apasionante; lo que *es* apasionante, nuevo y revolucionario es la actitud general que uno se ve obligado a adoptar ante cualquier intento de síntesis de todos ellos.

Vayamos por pasos. Está el problema de la materia. ¿Qué es la materia? ¿Cuál es nuestro esquema mental de la materia?

La primera pregunta es ridícula. (¿Cómo vamos a decir qué es la materia —o, por precisar, qué es la electricidad— si se trata de fenómenos observables una sola vez?) La segunda trasluce ya un cambio radical de actitud: la materia es una imagen de nuestra mente, y por lo tanto, la mente es anterior a la materia (a pesar de la curiosa dependencia empírica de nuestros procesos mentales de los datos físicos de determinada porción de materia: de nuestro propio cerebro).

En la segunda mitad del siglo XIX, la materia parecía ser algo permanente, perfectamente alcanzable. ¡Habría una porción de materia que jamás había sido creada (al menos, que lo supieran los físicos) y que nunca podría ser destruida! Se podía agarrar con la seguridad de que no se esfumaría entre los dedos.

Además, los físicos afirmaban que esta materia estaba por entero sujeta a leyes en lo que se refiere a su comportamiento y a su movimiento. Se movía con arreglo a las fuerzas con que actúan sobre ella, según sus posiciones relativas, las partes de la materia que la circundan. Podías *predecir* el comportamiento, estaba rígidamente predeterminado para todo el futuro por las condiciones iniciales.

Todo esto era muy cómodo, al menos en ciencia física, mientras se tratara de materia externa inanimada. Pero, si lo aplicamos a la materia que constituye nuestro cuerpo, o la que constituye el de nuestros amigos, o incluso el de nuestro gato o nuestro perro, se plantea la consabida dificultad en lo que respecta a la aparente libertad de los seres vivos para mover sus miembros a voluntad. Hablaremos de ello más adelante (véase la pág. 80 y ss.). De momento trataré de explicar el cambio radical de ideas que sobre la materia ha tenido lugar durante el último medio siglo. Se dio paulatina e inadvertidamente, sin que nadie lo deseara. Creíamos seguir moviéndonos dentro del antiguo marco «materialista» de ideas cuando, en realidad, nos habíamos salido ya de él.

Nuestras concepciones sobre la materia han

resultado ser «mucho menos materialistas» de lo que lo eran en la segunda mitad del siglo XIX. Son aún muy imperfectas, muy vagas, en varios aspectos adolecen de claridad, pero puede decirse que la materia ha dejado de ser ese algo rudimentario y tangible en el espacio al que se puede seguir mientras se mueve, corroborando las leyes precisas que rigen su movimiento.

La materia está compuesta de partículas, separadas por distancias relativamente grandes; reposa en el espacio vacío. Este concepto se remonta a Leucipo y Demócrito, quienes vivieron en Abdera en el siglo V a.C. Este concepto de partículas y espacio vacío (ἄτμοι καὶ κενόν) sigue vigente hoy (con una variante que es precisamente la que ahora voy a explicar), y no solo eso, sino que existe una total continuidad histórica: cuando quiera que se haya recuperado la idea, se hizo en todo caso con plena conciencia de que se estaban recuperando conceptos de filósofos de la Antigüedad. Obtuvo además en la investigación moderna increíbles triunfos que difícilmente aquellos filósofos habrían podido imaginar en sus sueños más desorbitados. Por ejemplo, O. Stern logró determinar la distribución de velocidades entre los átomos en un chorro de vapor de plata de la manera más sencilla y natural, como puede verse esquemáticamente esbozado en la figura 1. El círculo exterior (señalado por las letras A, B y C) representa la sección transversal de una caja cilíndrica cerrada, en la que se ha creado el vacío absoluto. El punto S indica la sección transversal de un alambre de plata incandescente que discurre a lo largo del eje del cilindro y que evapora continuamente átomos de plata que vuelan siguiendo trayectorias rectilíneas o, en términos generales, direcciones radiales. Sin embargo, el escudo cilíndrico Sh (círculo interior), concéntrico a S, solo permite su paso por el orificio O, que es una estrecha ranura paralela al alambre S. Sin más preámbulos, los átomos pasan directamente a A, donde quedan retenidos, formando al cabo de

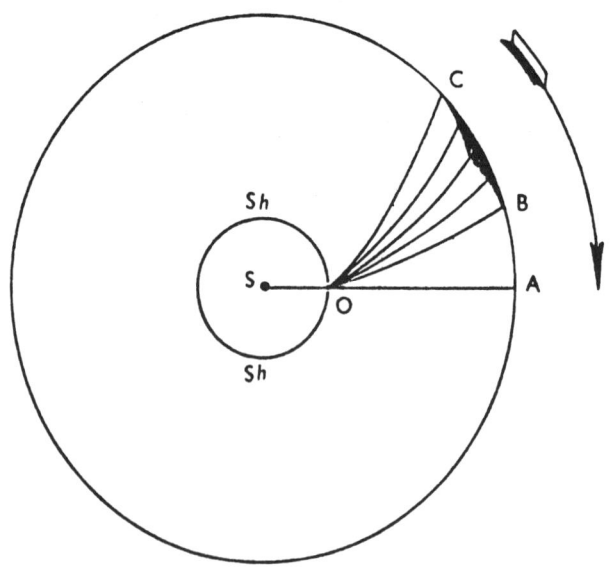

Figura 1

cierto tiempo un precipitado en forma de estrecha línea recta (paralela al alambre S y a la ranura O). Pero en el experimento de Stern, como si de un torno de alfarero se tratara, *todo el aparato gira* a gran velocidad en torno al eje S (en la dirección que indica la flecha). Con ello se logra que los átomos que se desprenden —a los que, naturalmente, *no* les afecta la rotación— no se precipiten en A, sino en puntos «detrás» de A, *más atrás* cuanto *más lentos* sean, porque permiten que la superficie receptora, antes de captarlos, gire un ángulo mayor. De este modo los átomos más lentos forman una línea en C, y los más rápidos en B. Al cabo de un tiempo, se obtiene una franja ancha cuya sección transversal se indica esquemáticamente en la figura. Midiendo los distintos grosores y teniendo en cuenta las dimensiones del aparato y su velocidad de rotación, podemos determinar la velocidad real de los átomos, y más concretamente el número relativo de átomos que se desplazan a distintas velocidades, lo que suele llamarse distribución de velocidad. Queda por explicar el despliegue en forma de abanico de las trayectorias atómicas y la curvatura señalada en la imagen, ambos en aparente contradicción con mi anterior afirmación de que a los átomos que se desplazan *no* les afecta la rotación del aparato. Me he tomado la libertad de trazar estas líneas a pesar de que *no* sean las «auténticas» trayectorias de los átomos, pero representan lo que vería un observador que también rotara al mismo tiempo que el aparato (del mismo modo que nosotros rotamos con la tierra). Es fundamental que quede claro que esas «trayectorias relativas» no varían durante la rotación. Por lo tanto, podemos prolongar la rotación tanto como se quiera para que se produzca una deposición importante.

Estos significativos experimentos sirvieron para confirmar cuantitativamente, muchos años después de su formulación, la teoría de Maxwell sobre gases. Actualmente esta clase de experimentos ha quedado eclipsada y relegada por investigaciones mucho más espectaculares.

El efecto de una sola partícula que se desplaza a gran velocidad puede observarse cuando esta choca con una pantalla fluorescente, provocando un débil destello luminoso, un centelleo. (Si tienen un reloj de esfera luminosa y lo observan en la oscuridad con una lupa de cierta potencia, verán los centelleos que causan los impactos de los iones de He, las partículas α, como se las denomina en este fenómeno.) En una cámara de Wilson son visibles las trayectorias diferenciadas de las distintas partículas, partículas α, electrones, mesones, y estas trayectorias pueden fotografiarse para determinar su curvatura sobre un campo magnético. Las partículas de rayos cósmicos que atraviesan una emulsión fotográfica producen en ella una desintegración nuclear, y tanto las partículas primarias como las secundarias (si están cargadas, como suele ser el caso) marcan sus trayectorias sobre la emulsión, de forma que estas se hacen visibles al revelar la placa según el procedimiento fotográfico habitual. Podría citar aún más ejemplos (aunque este sea ya suficiente) sobre el directísimo sistema mediante el cual la antigua hipótesis acerca de la estructura de la partícula queda confirmada mucho más allá de las más brillantes previsiones de los siglos anteriores.

Pero es aún más sorprendente el cambio que nuestras ideas sobre la naturaleza de todas estas partículas han experimentado en el mismo periodo de tiempo como consecuencia de otros experimentos y consideraciones teóricas.

Demócrito y los continuadores de su teoría hasta finales del siglo XIX, aunque nunca registraron el efecto de un átomo individual (y probablemente nunca pensaron que sería posible), estaban convencidos de que los átomos son pequeños corpúsculos individuales, identificables, igual que los objetos palpables que nos rodean. Parece incluso ridículo que precisamente en los mismos años o décadas en que fuimos capaces de identificar las partículas y los átomos simples individualizados —y mediante distintos métodos—, nos hayamos visto obligados a abandonar la idea de que la partícula es una entidad autónoma que en principio conserva para siempre su «mismidad». Muy por el contrario, ahora nos vemos obligados a afirmar que los componentes finales de la materia no poseen «mismidad» alguna. Cuando observas una partícula de un tipo determinado, pongamos por caso un electrón, aquí y ahora, debes considerarlo, en principio, como un acontecimiento aislado. Incluso si observas, muy poco tiempo después, una partícula similar en un punto muy próximo al primero, y hasta si tienes toda la razón para encontrar una relación causal entre la primera y la segunda observación, no tiene auténtico e inequívoco sentido afirmar que es la misma partícula la que has observado en los dos casos. Puede que las circunstancias sean tales que aconsejen y hagan deseable que te expreses de esa manera, pero no es más que una limitación; debe tenerse en cuenta que en otros casos la «mismidad» pierde sentido por completo y que no hay una frontera precisa, una distinción clara entre ambos; solo hay una transición gradual por encima de casos intermedios. Quiero hacer hincapié en esto y les ruego que lo crean: no se trata de que seamos capaces de afirmar la identidad en algunos casos y de ser incapaces de hacerlo en otros. No cabe la menor duda de que la cuestión de la «mismidad», de la identidad, carece realmente de sentido.

Forma —no sustancia— el concepto fundamental

La situación es bastante desconcertante. Ustedes se preguntarán: entonces, ¿qué son esas partículas, si no son individualidades? Y podrán además señalar otro tipo de transición gradual, concretamente, la que hay entre una partícula final y un cuerpo palpable de entre los que nos rodean al que atribuimos «mismidad» individual. Un átomo está compuesto de varias partículas. Varios átomos forman una molécula. Hay moléculas de distintos tamaños, pequeñas y grandes, pero sin límite alguno para determinar qué es una molécula grande. En realidad, no hay un límite máximo de tamaño molecular, ya que pueden integrarlo cientos de miles de átomos. Puede ser un virus o un gen, visibles al microscopio. Finalmente, podemos observar que cualquier objeto palpable de nuestro entorno está compuesto de moléculas, formadas por átomos que a su vez están compuestos de partículas finales... y, si estas carecen de individualidad, ¿cómo, por ejemplo, adquiere individualidad mi reloj de pulsera? ¿Dónde está el límite? ¿Cómo se establece la individualidad de los objetos compuestos por no-individualidades?

Conviene considerar con lupa esta cuestión, porque nos dará la clave de lo que realmente es una partícula o un átomo, de lo que tiene de permanente a pesar de su falta de individualidad. En mi escritorio tengo un pisapapeles de hierro, es una estatuilla de un gran danés tumbado, con las patas cruzadas. Conozco esta figura hace muchos años porque la veía en el escritorio de mi padre cuando era pequeño y no alcanzaba a la mesa. Muchos años después, a la muerte de mi padre, me quedé con la estatuilla porque me gustaba, y la utilizo. Me ha acompañado a muchos lugares y se quedó en Graz cuando, en 1938, tuve que marcharme a toda prisa. Pero un amigo que conocía el apego que le tenía, la recogió y la guardó, y hace tres años, cuando mi mujer hizo un viaje a Austria, me la trajo, y aquí está otra vez en mi escritorio.

Estoy convencido de que es el mismo perro, el que vi por primera vez hace más de cincuenta años en el escritorio de mi padre. Pero ¿por qué estoy seguro de ello? Es claramente la forma o la hechura (en alemán *Gestalt*) la que determina su identidad sin lugar a dudas, no el contenido material. Si el material hubiera sido fundido para darle forma de hombre, la identidad habría sido mucho más difícil de determinar. Y lo que es más: incluso si se estableciera sin lugar a dudas la identidad material, tendría muy poco interés. Probablemente no me importaría mucho la identidad de esa masa de hierro y diría que mi recuerdo ha sido destruido.

Creo que esta es una buena analogía, y quizás

incluso más que una analogía, para señalar lo que son realmente las partículas o los átomos. Pues, como en tantos otros, en este ejemplo vemos cómo en los objetos palpables compuestos de muchos átomos la identidad se establece a partir de la estructura de su composición, a partir de la forma, hechura u organización, como la denominaremos en otros casos. La identidad del material, si es que la hay, desempeña un papel secundario. Esto se observa en particular en los casos en que se habla de «mismidad» aunque el material haya cambiado totalmente. Un hombre regresa al cabo de veinte años a la casa de campo donde transcurrió su niñez. Se siente profundamente impresionado al ver que el lugar no ha cambiado. El mismo arroyo que surca los mismos prados, circundado de maizales, amapolas y sauces que tantos recuerdos le traen; vacas y patos igual que antes, y un perro que acude a recibirle con amistosos ladridos y moviendo la cola. La forma y toda la organización del lugar siguen siendo las mismas, a pesar del total «cambio de material» en casi todas las cosas que reconoce, ¡incluido, por supuesto, el propio ser corporal del viajero! Efectivamente, el cuerpo que tenía de niño, en el sentido más literal, «se lo llevó el viento». Se lo llevó y no se lo llevó, porque, continuando mi descripción novelesca, el viajero ahora se instalará, se casará y tendrá a su vez un niño, que será el retrato de su padre, como demuestran las añejas fotografías de cuando este tenía la misma edad.

Volvamos a nuestras partículas finales y a las diminutas organizaciones de partículas en forma de átomos o pequeñas moléculas. La *antigua* idea sobre ellas radica en que *su* individualidad se basaba en la identidad de la materia que las constituye. Esta es, al parecer, una coletilla gratuita y casi mística que está en claro contraste con lo que, según acabamos de ver, constituye la individualidad de los cuerpos macroscópicos, bastante independiente de tan burda hipótesis materialista y no necesita su soporte. La *nueva* idea es que lo que es permanente en esas partículas finales o en esos pequeños agregados es su forma y su organización. El hábito del lenguaje cotidiano nos decepciona y parece exigir que, cuando quiera que oigamos pronunciar la palabra «hechura» o «forma», esta deba referirse a la forma o hechura de algo, que haya un sustrato material para dar forma. Científicamente este hábito se remonta a Aristóteles, su *causa materialis* y *causa formalis*. Pero, ante las partículas finales que constituyen la materia, parece quedar excluida la posibilidad de concebirlas como formadas por algún material. Son, como lo fueron, pura forma, nada sino forma; lo que vuelve una y otra vez en sucesivas observaciones es su forma, no una pizca individual de materia.

La naturaleza de nuestros «modelos»

En este caso, tenemos, naturalmente, que considerar la forma (o *Gestalt*) en un sentido mucho más amplio que la forma geométrica. *De hecho, no hay observación alguna relativa a la forma geométrica* de una partícula ni de un átomo. Es cierto que, al reflexionar sobre el átomo, al elaborar teorías que se ajusten a los hechos observados, solemos trazar figuras geométricas en la pizarra o sobre el papel, o muchas veces tan solo mentalmente, para exponer los pormenores de la representación mediante una fórmula matemática mucho más precisa y mucho más manejable que la que se logra con la pluma o el lápiz. Cierto. Pero las formas geométricas propuestas en esos esquemas no son directamente observables en los átomos reales. Estas representaciones son un simple apoyo mental, un instrumento de reflexión, unos medios provisionales a partir de los cuales deducimos, según los resultados de experimentos anteriores, las expectativas lógicas de los resultados de los nuevos experimentos proyectados. Los plancamos con el propósito de ver si confirman estas expectativas, verificando así si estas eran realmente razonables y si las representaciones o los modelos de que nos valemos son los adecuados. Observarán que optamos por decir *adecuados* en lugar de *verdaderos,* porque, para que una descripción sea capaz de ser verdadera, tiene que ser capaz de admitir una comparación directa con los hechos reales. Y no suele suceder así con nuestros modelos. Pero recurrimos a ellos, como digo, para deducir de ellos características observables. Son estas las que constituyen la forma permanente de organización del objeto material, y generalmente nada tienen que ver con «pequeñas partículas de material que constituyen el objeto».

Pongamos por caso el átomo de hierro. Parte de su organización, muy interesante y compleja, puede exponerse una y otra vez, siempre que se quiera y con permanencia inalterable, del siguiente modo. Colocamos una pequeña cantidad de hierro (de una sal de hierro) en un arco eléctrico y hacemos una fotografía del espectro producido por una potente red óptica. Aparecen marcadas decenas de miles de líneas espectrales, es decir, decenas de miles de longitudes de onda contenidas en la luz que emite un átomo de hierro a tan elevadas temperaturas. Siempre las mismas, con enorme exactitud, a tal punto que, según es bien sabido, por el espectro de una estrella pueden determinarse los elementos químicos que la componen. Aunque nada podamos saber de la forma geométrica de un átomo —aun con el microscopio más potente—, podemos descubrir la organización mínima permanente registrada en el espectro a distancias de miles de años luz.

Objetarán ustedes que el espectro lineal típico de un elemento como el hierro es una propiedad macroscópica, una propiedad del vapor emitido, que nada tiene que ver con su «estructura de grano grueso» (que está compuesta de átomos individuales), y que nadie ha observado aún la luz emitida por un solo átomo realmente aislado. Es cierto. Pero, desde luego, debo recordarles que la teoría de la materia, tal como se admite actualmente, atribuye la emisión de toda esa variedad de rayos monocromáticos de luz al átomo simple, y que se considera la constitución geométrico-mecánico-eléctrica del átomo responsable de cada una de las longitudes de onda que se observan en el vapor que emana. Para confirmarlo, los físicos insisten sobre el hecho de que esas líneas de los espectros solo se observan en el estado gaseoso rarificado en el que los átomos están tan alejados entre sí que no se interfieren. El hierro incandescente sólido o líquido emite un espectro muy parecido al de cualquier otro sólido o líquido a igual temperatura, y las líneas definidas han desaparecido completamente —o, mejor dicho, están totalmente borrosas— debido a la mutua interferencia de los átomos contiguos.

Entonces, dirán ustedes, ¿hay que considerar las líneas espectrales observadas (que, en términos generales, se ajustan a la teoría) como parte de la evidencia circunstancial de que los átomos de hierro de nuestra descripción teórica existen realmente y constituyen el vapor, según lo sostenido por la teoría de gases —pequeñas partículas de materia (de una constitución particular que las hace emitir líneas espectrales)—, pequeñas partículas de *algo,* muy separadas, rodeadas por la *nada,* que vuelan de aquí para allá, chocando a veces contra las paredes, etc.? ¿Es esta la verdadera imagen del vapor del hierro incandescente?

Me atengo a lo que dije anteriormente en un contexto más amplio: es sin duda una imagen adecuada, pero, en lo que respecta a si es verdadera, la pregunta que debe plantearse no es si es verdadera o no, sino si es capaz de ser verdadera o falsa. Probablemente no lo es. Probablemente tengamos que contentarnos con imágenes adecuadas capaces de sintetizar de manera comprensible los hechos observados y que nos den una expectativa razonable de los hechos nuevos que buscamos.

Durante todo el siglo XIX y a principios del actual, físicos muy competentes afirmaron ya este tipo de enunciados. No ignoraban que el deseo de disponer de una imagen clara induce irremediablemente a atiborrarla de detalles injustificados. Digamos que es «infinitamente improbable» que estas adiciones gratuitas resulten, afortunadamente, «correctas». L. Boltzmann insistía constantemente en ello: «deseo ser muy preciso», habría dicho, «de una precisión pueril, en lo que al modelo atañe, incluso sabiendo que no puedo adivinar, a partir de la inevitable evidencia circunstancial de los experimentos, el carácter verdadero de la naturaleza». Pero sin un modelo absolutamente exacto, el pensamiento adolece de precisión y las consecuencias a deducir del modelo se vuelven ambiguas.

A pesar de ello, la actitud en aquella época —a excepción quizás de algunas mentes filosóficas destacadas— era distinta a la actual, era todavía algo ingenua. Aunque se afirmaba que cualquier modelo que podamos concebir es inevitablemente deficiente y requiere tarde o temprano una modificación, aún se abrigaba la idea de que existía un modelo verdadero —existe, por así decirlo, en el reino platónico de las ideas— al que nos aproximábamos progresivamente, aunque nunca lo alcanzáramos debido a las imperfecciones humanas.

Esta actitud ha quedado arrinconada. Los fracasos experimentados no se deben ya a los detalles; son de carácter más general. Nos hemos percatado perfectamente de una situación que puede quizá resumirse como sigue. Conforme nuestra visión mental penetra en distancias cada vez menores y en tiempos cada vez más cortos, comprobamos que la naturaleza se comporta de modo muy distinto al que observamos en los cuerpos visibles y palpables de nuestro entorno, y que ningún modelo conformado según nuestra experiencia a gran escala puede ser «verdadero». Un modelo de este tipo totalmente satisfactorio no solo es prácticamente inaccesible, sino difícilmente imaginable. O, para ser exactos, podemos, claro está, pensarlo; pero, aunque lo pensemos, puede estar equivocado, tal vez no tanto como un «círculo triangular», pero sí algo así como un «león con alas».

Descripción continua y causalidad

Trataré de aclarar un poco las cosas. A partir de nuestras experiencias a gran escala, de nuestra noción de geometría y de mecánica —la de los cuerpos celestes, en particular—, los físicos han formulado el tajante criterio de que una descripción completa y realmente clara de cualquier hecho físico debe cumplir con el siguiente requisito: informar con precisión de lo que sucede en cualquier punto del espacio en cualquier instante del tiempo, dentro, naturalmente, del ámbito espacial y en el periodo de tiempo que abarquen los acontecimientos físicos que se desee describir. Podemos denominar este requisito *postulado de continuidad de la descripción*. ¡Postulado de continuidad que, precisamente, parece inviable! Hay, al parecer, lagunas en el esquema.

Esto está estrechamente vinculado a lo que antes denominaba la falta de individualidad de una partícula, e incluso de un átomo. Si aquí y ahora observo una partícula y un momento después observo otra similar en un lugar cercano al de la primera, no solo no puedo estar seguro de que sea «la misma», sino que no tendría sentido afirmarlo. Esto parece absurdo, porque estamos acostumbrados a pensar que en todo momento entre las dos observaciones la primera partícula ha estado en alguna parte y que tiene que haber seguido una trayectoria, conocida o desconocida. De igual modo, la segunda partícula tiene que proceder de alguna parte, tiene que haber estado en alguna parte en el momento de la primera observación. En principio, pues, hay que decidir, o tiene que poder decidirse, si estas dos trayectorias son o no la misma y, por lo tanto, si se trata de la misma partícula. En otras palabras, suponemos —siguiendo un hábito de pensamiento aplicable a los objetos palpables— que hemos podido tener la partícula bajo *observa-*

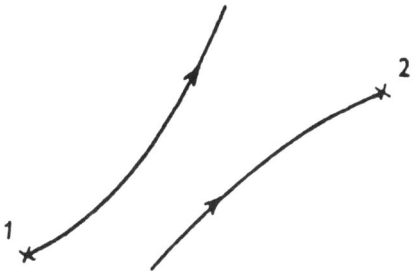

Figura 2

ción continua y que, por lo tanto, podemos garantizar su identidad.

Debemos rechazar este hábito de pensamiento. *No debemos admitir la posibilidad de observación continua,* sino considerar las observaciones como hechos relativos e inconexos. Entre ellas se producen vacíos que no podemos llenar. Hay casos en los que se trastornaría todo si admitiéramos la posibilidad de observación continua. Por eso digo que es mejor considerar la partícula no como una entidad permanente, sino como un hecho instantáneo. A veces, estos hechos forman cadenas que producen la ilusión de seres permanentes, pero tan solo en circunstancias especiales y únicamente durante brevísimos instantes en cada caso particular.

Volvamos al enunciado más general al que antes aludía, es decir, el hecho de que el ideal ingenuo del físico clásico no puede cumplirse, ese requisito según el cual en principio la información sobre cualquier punto del espacio, en cualquier instante, debe ser *pensable*. El que este ideal se derrumbe trae consigo una importante consecuencia: en la época en que no se dudaba de este ideal de continuidad, los físicos solían formular el *principio de causalidad* para responder a las necesidades de su ciencia de un modo claro y preciso, el único al que de hecho podían recurrir por ser los enunciados corrientes aún mucho más ambiguos e imprecisos. A esta clase de enunciado pertenece el principio de «acción cerrada» (o ausencia de *actio in distans)*, que estipula lo siguiente: la situación física exacta de *cualquier* punto P en un momento dado *t* está inequívocamente determinada por la situación física exacta dentro de un determinado entorno de P en cualquier tiempo anterior, digamos t–τ. Si τ es grande, es decir, si este tiempo previo se extiende mucho hacia atrás, puede ser necesario conocer la situación previa de un extenso espacio en torno a P. Pero el «ámbito de influencia» se reduce cada vez más al reducirse τ, y se hace infinitésimo si τ es infinitésimo. O, en lenguaje llano, aunque menos preciso: lo que sucede en cualquier parte en un momento solo depende estrictamente de lo que suceda en la inmediata vecindad «un instante antes». Los físicos clásicos se basaban inequívocamente en este principio.

El instrumento matemático para llevarlo a la práctica era siempre un sistema de ecuaciones diferenciales en derivadas parciales, las denominadas ecuaciones de campo.

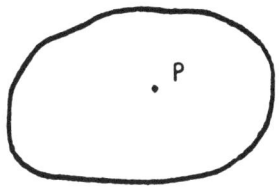

Figura 3

Evidentemente, si la descripción ideal de la continuidad —«ininterrumpida»— se rompe, esta formulación precisa del principio de causalidad se desmorona. No debe sorprendernos tropezar en este orden de ideas con nuevas e inesperadas dificultades relacionadas con la causación. Nos enfrentamos incluso (como saben) a la afirmación de que hay vacíos o fallas en la causación estricta. Es difícil pronunciarse sobre si es o no la última palabra. Hay quienes opinan que esta no es en absoluto una cuestión zanjada (entre ellos, por cierto, Albert Einstein). Más adelante me referiré a la «salida de emergencia» que se utiliza actualmente para escapar a tan delicada cuestión. De momento, quiero añadir algunas observaciones más al ideal clásico de descripción continua.

El embrollo del continuum

Por dolorosa que resulte su pérdida, con ella perdemos probablemente algo que merece la pena perderse. Nos parece sencillo, porque la idea de un *continuum* se nos antoja sencilla, pero su aceptación equivale en cierto modo a perder la perspectiva de las dificultades que implica. El motivo estriba en un condicionamiento eficaz en la infancia. Ideas como «todas las cifras entre 0 y 1» o «todas las cifras entre 1 y 2», son esquemas perfectamente asimilados. Los visualizamos geométricamente como la distancia desde un punto P o Q a 0 (véase fig. 4).

Entre los puntos como Q existe también el de $\sqrt{2}$ (= 1,414...). Se dice que un número como $\sqrt{2}$ dio mucho que hacer a Pitágoras y su escuela. Acostumbrados a números tan curiosos desde la primera infancia, hemos de ser prudentes para no subestimar la intuición matemática de aquellos sabios de la Antigüedad. Su preocupación era muy encomiable. Sabían que no existe una fracción representable cuyo cuadrado sea un 2 exacto. Podemos representar aproximaciones, como por ejemplo $\frac{17}{12}$, cuyo cuadrado, $\frac{289}{184}$, es muy próximo a $\frac{288}{144}$, que es = 2. Se puede llegar a aproximaciones mayores recurriendo a fracciones con cifras más altas que 17 y 12, pero nunca se obtiene un 2 exacto.

La idea del *intervalo continuo,* tan corriente en las matemáticas actuales, es algo exorbitado, una fabulosa extrapolación de lo que nos es realmente comprensible. La idea de que haya que indicar realmente los valores exactos de cual-

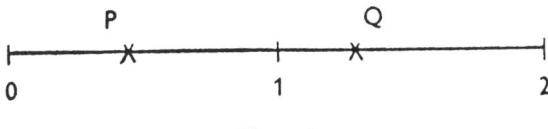

Figura 4

quier cantidad física (temperatura, densidad, potencial, fuerza de campo, o lo que sea) para *todos* los puntos de un intervalo continuo, pongamos por caso entre 0 y 1, es una extrapolación desmesurada. Nunca hacemos otra cosa que determinar la cantidad aproximada para un número muy limitado de puntos y a continuación «trazar entre ellos una curva suave». Nos basta para muchos propósitos prácticos, pero, desde el punto de vista epistemológico, desde la perspectiva de la teoría del conocimiento, es algo muy distinto a una descripción continua supuestamente exacta. Añadiré que incluso en física clásica ciertas cantidades —como, por ejemplo, la tem-

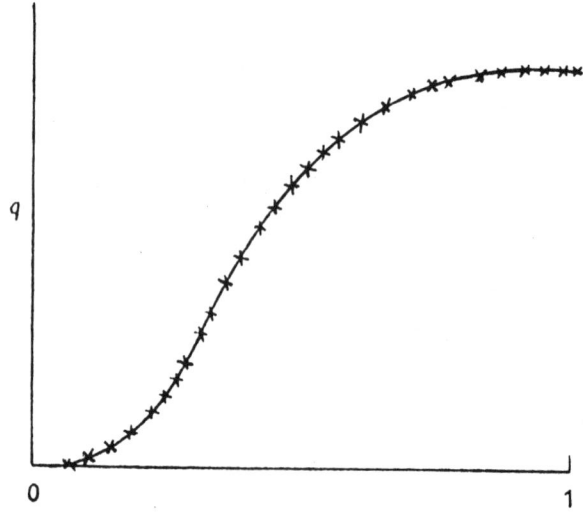

Figura 5

peratura o la densidad— eran un reto irreducti-ble a la descripción continua exacta. Pero se de-bía al concepto que estos términos representan, ya que incluso en la física clásica tenían un sig-nificado estadístico. De momento, no obstante, no entraré en detalles para evitar confusiones.

La exigencia de descripción continua cobró auge a tenor de la pretensión matemática de querer representar las descripciones continuas simples de algunas de sus elaboraciones menta-les simples. Por ejemplo, tomemos otra vez el intervalo $0 \rightarrow 1$, llamemos x a la variable de este, y ello nos basta para afirmar que tenemos una idea concreta de, por ejemplo, x^2 o $\sqrt{x}$.

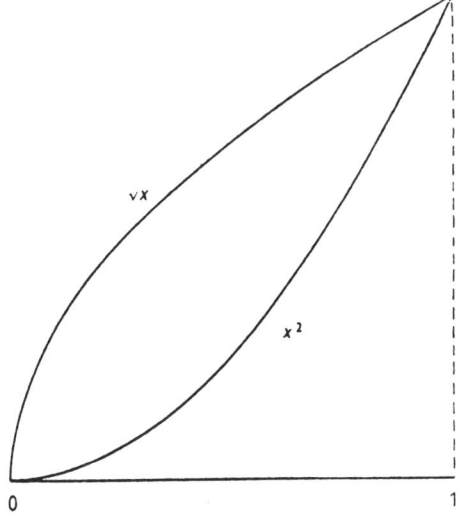

Figura 6

Las curvas son porciones de parábolas (imágenes especulares recíprocas). Afirmamos que conocemos perfectamente cada punto de esta clase de curvas, o, más bien, que, *dada* la distancia horizontal (abscisa), podemos indicar la altura (ordenada) *con cualquier precisión necesaria*. Pero ¡atención a los términos «dada» y «con cualquier precisión». El primero significa «podemos dar la respuesta cuando esta se dé» (posiblemente no poseamos todas las respuestas de antemano). El segundo significa que «a pesar de ello, no podemos por norma general dar una respuesta totalmente precisa». Indiquen ustedes la precisión que desean, de 1 000 decimales, por ejemplo. A eso sí podemos contestar... si se nos concede el tiempo.

Siempre podemos aproximarnos a las dependencias físicas por medio de este sencillo tipo de funciones (los matemáticos las denominan «analíticas», lo cual significa algo así como «que pueden ser analizadas»). Pero suponer que la dependencia física *es* de este tipo simple, es un paso epistemológico desmesurado y seguramente inaceptable.

Sin embargo, la principal dificultad conceptual radica en la ingente cifra de «respuestas»

Figura 7

necesarias, debido al número inconmensurable de puntos contenidos aun en el intervalo continuo más diminuto. Esta cantidad —el número de puntos entre 0 y 1, por ejemplo— es tan fabulosamente grande que difícilmente disminuye a pesar de que se supriman «casi todos». Lo ilustraré con un elocuente ejemplo.

Supongamos de nuevo la trayectoria $0 \to 1$. Queremos describir un determinado conjunto de puntos que ha *quedado fuera* cuando suprimimos algunos, los excluimos, los hacemos inaccesibles, o como quieran llamarlo. Utilizaré la expresión «suprimir».

Suprimamos primero todo el tercio medio, incluido el punto del límite izquierdo, es decir, los puntos que van de 1/3 a 2/3 *(dejando* 2/3). De los dos tercios que quedan, vuelven a suprimirse los «tercios de en medio», incluidos los puntos de los límites izquierdos y dejando los de los límites derechos. Con los «cuatro novenos» restantes se hace lo mismo. *Y así sucesivamente.*

Si realmente tratamos de seguir operando así, pronto tendríamos la impresión de que «no queda nada», ya que cada vez suprimimos un tercio de la longitud remanente. Supongamos ahora que el inspector de Hacienda les cargara 6 chelines y 8 peniques por cada libra, y del resto otra vez 6 chelines y 8 peniques y así sucesivamente *ad infinitum*. No puede negarse que quedaría muy poco.

Analizaremos ahora esta suposición y se asombrarán de cuántos números o puntos quedan. Lamento que esto exija cierta preparación. Un número entre cero y uno puede representarse por una fracción decimal como

0,470802...

y ya saben que esto equivale a

$$\frac{4}{10} + \frac{7}{10^2} + \frac{0}{10^3} + \frac{8}{10^4} + ...$$

Que habitualmente recurramos al número 10 es pura casualidad, y su explicación se basa en el hecho de que tenemos diez dedos. Podemos emplear cualquier otro número: 8, 12, 3, 2... Naturalmente, necesitaremos distintos símbolos de cifras para todos los números que elijamos como «base». Nuestro sistema decimal requiere diez: 0, 1, 2, ... 9. Si empleásemos el 12 como base, tendríamos que inventar símbolos simples para representar el 10 y el 11. Si utilizásemos la base 8, el 8 y el 9 serían supernumerarios.

Las fracciones no decádicas no han quedado en absoluto relegadas por el sistema decimal. Las fracciones diádicas, que tienen por base el 2, son muy corrientes, particularmente en Inglaterra. Cuando el otro día pregunté a mi sastre cuánta tela tenía que entregarle para hacerme unos pantalones de franela, me contestó —ante mi gran asombro— 1 yarda y 3/8. Se trata sencillamente de la fracción *diádica*

$$1,011$$

es decir,

$$1 + \frac{0}{2} + \frac{1}{4} + \frac{1}{8}.$$

Del mismo modo se expresan las acciones de bolsa: no en chelines y peniques, sino en fracciones diádicas de la libra, por ejemplo, $\frac{13}{16}$ de libra, que, en notación diádica, sería

$$0,1101$$

o sea

$$\frac{1}{2} + \frac{1}{4} + \frac{0}{8} + \frac{1}{16}.$$

Observarán que, en una fracción diádica, solo entran dos símbolos, el 0 y el 1.

Pero ahora nos interesan las fracciones *triádicas* con base 3, en las que solo se emplean los símbolos 0, 1 y 2. Por ejemplo, la notación

$$0,2012...$$

equivale a

$$\frac{2}{3}+\frac{0}{9}+\frac{1}{27}+\frac{2}{81}+...$$

(Con el empleo de puntos suspensivos admitimos conscientemente que existen fracciones hasta el infinito, como sucede, por ejemplo, en la raíz cuadrada de 2.) Volvamos ahora al problema de la descripción del conjunto de números «casi nulos» que queda en la construcción representada en la figura. Si reflexionamos atentamente, veremos que los puntos que hemos suprimido son todos los que, en la representación triádica, contienen en algún lugar la cifra 1. Efectivamente, al descartar el primer tercio, descartamos todos los números cuya fracción triádica comience por

0,1...

Y, en el segundo paso, todos aquellos cuya fracción triádica comience por

0,01... o por 0,21...

Y así sucesivamente. Lo expuesto demuestra que queda algo en el tintero, es decir, todos los números cuyas fracciones triádicas *no* contienen el número 1, sino solamente 0 y 2, como es el caso, por ejemplo, en

0,22000202...

(en la que los puntos suspensivos representan únicamente cualquier secuencia de ceros y doses). Entre ellos se encuentran, claro está, los puntos del límite *derecho* (tales como $0.2 = \frac{0}{2}$ o $0.22 = \frac{2}{3} + \frac{2}{9} = \frac{8}{9}$) de los intervalos excluidos; habíamos decidido dejar los puntos de ese límite. Pero hay muchísimos más, por ejemplo, la fracción diádica *periódica* 0,20, equivalente a 0, 20202020... *ad infinitum*. Esta es la serie infinita:

$$\frac{2}{3} + \frac{2}{3^3} + \frac{2}{3^5} + \frac{2}{3^7} + ...$$

Para hallar su valor, imagínense que la multiplicamos por el cuadrado de 3, que es 9. Entonces, el primer término da $\frac{18}{3}$, es decir, 6, mientras que los restantes términos dan de nuevo la misma serie. Por consiguiente, la serie es 6 *ocho* veces, y el número sería $\frac{6}{8}$ o $\frac{3}{4}$.

Pero, si recordamos que los intervalos que hemos «suprimido» tienden a cubrir *todo* el intervalo entre 0 y 1, cabe inclinarse a creer que, en comparación con el conjunto original (que contiene *todos* los números entre 0 y 1), el conjunto remanente debe ser «enormemente escaso». Pero ahora viene la sorpresa: en cierto modo, el conjunto remanente sigue siendo tan vasto como el original. Efectivamente, podemos asociar por pares sus cifras respectivas, por apareamiento monógamo, por así decirlo, de cada número del conjunto original con un número concreto del conjunto remanente, sin que quede ningún número en ambos lados (en matemáticas, esto se denomina «correspondencia biunívoca»). Es tan sorprendente que estoy seguro de que muchos lectores al primer impulso pensarán que *deben de* haber entendido mal, a pesar de que me haya esforzado en expresarme del modo menos ambiguo posible.

¿Cómo puede ser? Bien: el «conjunto remanente» está representado por *todas* las fracciones *triádicas* que contengan únicamente ceros y doses; puse el ejemplo general

$$0,22000202\ldots$$

(en el que los puntos suspensivos solo representan secuencias de ceros y doses). Asociada a esta fracción *triádica,* la fracción *diádica*

$$0,11000101\ldots$$

obtenida a partir de aquella, sustituyendo cada cifra 2 por la cifra 1. Podemos obtener, a la inversa —cambiando en *cualquier* fracción diádica los unos por doses—, la representación *triádica* de un número concreto de lo que se denomina «conjunto remanente». Como, entonces, cualquier miembro del conjunto original, es decir, cualquier número entre 0 y 1, está representado por una —y únicamente una—* sola fracción diádica determinada, se produce en realidad una correspondencia biunívoca entre los miembros de ambos conjuntos.

[Tal vez resulte útil ilustrar el «apareamiento» con unos ejemplos. Pongamos por caso que el número diádico que emplea mi sastre

$$\frac{3}{8} = \frac{0}{2} + \frac{1}{4} + \frac{1}{8} = 0,011$$

se desarrolla en su equivalente triádico

$$0,022 = \frac{0}{3} + \frac{2}{9} + \frac{2}{27} = \frac{8}{27};$$

es decir, que $\frac{3}{8}$ del conjunto original corresponden a $\frac{8}{27}$ del conjunto remanente. Y, a la inversa, la cifra triádica 0,20 es equivalente, como vimos, a $\frac{3}{4}$. La cifra diádica correspondiente a 0,10 equivale a la serie infinita

$$\frac{1}{2} + \frac{1}{2^3} + \frac{1}{2^5} + \frac{1}{2^7} + \frac{1}{2^9} + \dots$$

---

* Hemos despreciado deliberadamente duplicaciones triviales, como las que se dan, por ejemplo, en el sistema decimal en los casos 0,1 = 0,09 o 0,8 = 0,79.

Si la multiplicamos por 2 al cuadrado, que es 4, tendremos: 2 + *la misma serie.* En otras palabras, tres veces la serie igual a 2, y 1 serie es igual a $\frac{2}{3}$; es decir, el número $\frac{3}{4}$ del «conjunto remanente» corresponde (o «está apareado») con el número $\frac{2}{3}$ del conjunto original.]

Lo notable con respecto al «conjunto remanente» es que, aunque no cubre ningún intervalo medible, posee la enorme extensión de cualquier serie continua. Esta asombrosa combinación de propiedades se expresa, en lenguaje matemático, como un conjunto que conserva la «potencia» del *continuum* aunque sea «de medida cero».

Les he expuesto este caso para que adviertan ese algo misterioso que hay en el *continuum,* por lo que no hay que sorprenderse excesivamente por nuestro aparente fracaso en tratar de utilizarlo como una descripción exacta de la naturaleza.

El remiendo de la mecánica ondulatoria

Intentaré a continuación darles una idea de cómo los físicos contemporáneos procuran subsanar este fallo. Podríamos calificarlo de «salida de urgencia», aunque no responda a esa intención, sino a la de ser una nueva teoría. Me refiero, naturalmente, a la mecánica ondulatoria. (Eddington la denominaba «no una teoría física, sino una evasiva y una buena evasiva».)

A grandes rasgos, la situación es la siguiente: los hechos observados (relativos a las partículas, la luz y todo tipo de radiaciones y sus interacciones correspondientes) parecen contravenir el ideal clásico de una descripción continua del espacio y del tiempo. (Me explicaré, en atención a los físicos, citando un ejemplo: la célebre teoría de Bohr, de 1913, sobre las líneas espectrales, en la que se asumía por necesidad que el átomo experimenta una súbita transición de un estado a otro y, al hacerlo, emite una serie de ondas luminosas de varios pies de longitud constituidas por cientos de miles de ondas, que requieren bastante tiempo para su formación, pero sin que se dé explicación alguna sobre el átomo durante dicha transición.)

Por lo tanto, los hechos observados son irreconciliables con una descripción continua del espacio y del tiempo; es algo aparentemente imposible, al menos en gran número de casos. Por otra parte, a partir de una descripción incompleta —a partir de un esquema con lagunas en el espacio y en el tiempo— no pueden trazarse conclusiones claras y terminantes; lo cual nos lleva a una reflexión confusa, arbitraria, poco clara, ¡y se trata, precisamente, de evitar esto a toda costa! ¿Qué hacer, entonces? El método que se sigue actualmente les parecerá sorprendente. Consiste simplemente en dar una descripción continua sin lagunas en el espacio y en el tiempo, conforme al ideal clásico de una descripción de *algo*. Pero no afirmamos que ese «algo» sean los hechos observados, y menos aún que con ello describamos lo que realmente *es* la naturaleza (materia, radiación, etc.). De hecho, nos valemos de ese esquema (el denominado esquema ondulatorio) a sabiendas de que *tampoco* lo es.

En este esquema de la mecánica ondulatoria no existen lagunas, ni siquiera en lo que a causación se refiere. El esquema ondular se ajusta al requisito clásico de absoluto determinismo, y el método matemático utilizado es el de ecuaciones de campo, aunque a veces se recurra a un tipo enormemente generalizado de ellas.

¿Para qué sirve, entonces, esta descripción que, como he dicho, no creemos que describa hechos observables o lo que es realmente la naturaleza? Pues sencillamente porque juzgamos que nos facilita *información* sobre los hechos observados y su mutua dependencia. Según una perspectiva optimista, nos da toda la información obtenible sobre los hechos observables y su interdependencia. Pero esta visión —que puede o no ser correcta— es *optimista* tan solo en tanto que satisface nuestro orgullo de contar en principio con toda la información obtenible. En otro aspecto es *pesimista,* epistemológicamente pesimista podríamos decir. *Pues la información que obtenemos en relación con la dependencia causal de los hechos observables es incompleta.* (¡Por algún sitio tenía que asomar la oreja!) Las lagunas, eliminadas del esquema ondulatorio, han retrocedido hasta la conexión entre dicho esquema y los hechos observables. Estos no están en correspondencia unívoca con aquel. Resta mucha ambigüedad y, como dije, algunos pesimistas optimistas u optimistas pesimistas creen que esa ambigüedad es intrínseca e inevitable.

Esta es la situación lógica actual. Creo haberla descrito correctamente, aunque sé que sin ejemplos es una exposición algo fría, reducida a pura lógica. Me temo igualmente haberles dado una impresión excesivamente adversa sobre la teoría ondulatoria de la materia. Corregiré ambos defectos. La teoría ondulatoria no es cosa de ayer ni de hace veinticinco años; surge por primera vez bajo la forma de la teoría ondulatoria de la luz (Huygens, 1690). Durante casi cien años* las ondas luminosas estuvieron consideradas como una realidad irrebatible, algo cuya existencia real había quedado demostrada sin lugar a dudas mediante experimentos sobre difracción e interferencia. No creo que ni siquiera actualmente haya muchos físicos —desde luego

---

* No los cien años que le siguieron inmediatamente, pues la autoridad de Newton eclipsó la teoría de Huygens durante casi un siglo.

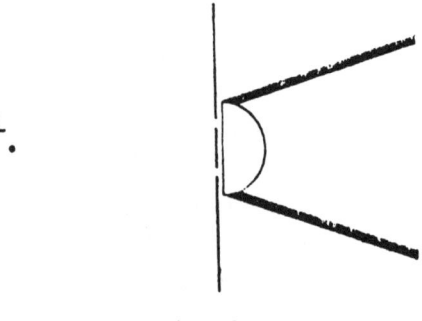

L

Figura 8

no investigadores— que estén dispuestos a sancionar la afirmación de que «las ondas de luz no existen realmente; no son más que ondas de saber» (cita libre de Jeans).

Si observamos una fuente luminosa restringida L, un alambre incandescente Wollaston con un grosor de varias milésimas de milímetro a través de un microscopio con la lente del objetivo tapada por una pantalla dotada de un par de ranuras paralelas, vemos (en el plano de imagen conjugado en L) un sistema de bandas coloreadas que confirman exacta y cuantitativamente la idea de que la luz de un determinado color es un movimiento ondulatorio de cierta longitud de onda limitada, correspondiendo la más corta al violeta y aproximadamente la doble a la luz roja. Es uno de tantos experimentos que dan resultados análogos. Entonces, ¿por qué esta *realidad* de las ondas admite dudas? Por dos motivos:

a) se han llevado a cabo experimentos similares con haces de rayos catódicos (en sustitución de la luz) que manifiestamente están formados por electrones individuales que dejan «trazas» en la cámara de niebla de Wilson;

b) hay motivos para suponer que la propia luz está igualmente formada por partículas simples, denominadas fotones (del griego φῶς = luz).

Frente a esto podría argüirse que, no obstante, en ambos casos es irrefutable el concepto de ondas si se tienen en cuenta las bandas de interferencia. Pero también podría argumentarse que las partículas no son objetos identificables y que pueden considerarse hechos de tipo explosivo dentro del frente de onda, como si fueran acontecimientos mediante los cuales se manifiesta el frente de onda en la observación. Estos hechos —como podríamos llamarlos— son for-

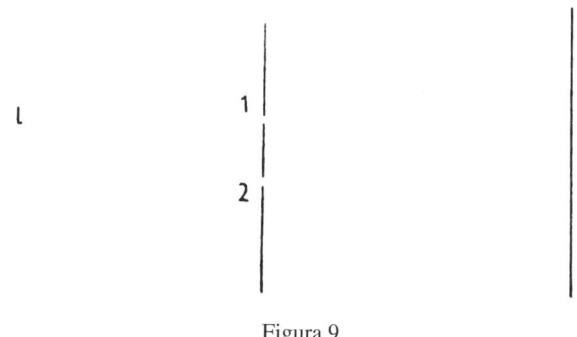

Figura 9

tuitos hasta cierto punto, y por eso no existe una estricta relación causal entre las observaciones.

Explicaré con cierto detalle por qué estos fenómenos, tanto en el caso de la luz como en el de los rayos catódicos, son posiblemente incomprensibles con arreglo al concepto de corpúsculos simples, individuales, de *existencia permanente*. Por otra parte, esto me servirá para dar un ejemplo de lo que denomino «lagunas» en la descripción y «carencia de individualidad» en las partículas. Para reforzar mi razonamiento simplificaremos al máximo la fase experimental. Consideremos un foco restringido, casi puntiforme, que emite corpúsculos en todas direcciones, y una pantalla con dos pequeños orificios y su tapadera, en la que primero abrimos uno y después otro, y luego ambos a la vez. Detrás de la pantalla situamos una placa fotográfica que recoge los corpúsculos que atraviesan los orificios. Revelamos la placa, y es de suponer que muestre las marcas que en ella han impreso los corpúsculos individuales que independientemente han activado un grano de bromuro de plata, el cual tras el revelado deja visible una mota negra. (Es un resumen bastante acorde al verdadero proceso.)

Pero vayamos por partes. Abramos primero un solo orificio. Es de suponer que, después de exponer durante un tiempo, veremos un amontonamiento en torno a un punto; pero no sucede así. Al parecer, las partículas se desvían de su trayectoria recta al atravesar la abertura, y lo que vemos es una dispersión bastante acentuada de motas negras, aunque es más densa en el centro y más escasa cuanto más abierto es el ángulo. Si abrimos solo el otro orificio, obtenemos un patrón análogo en torno a un punto distinto.

Abramos ahora simultáneamente los dos orificios y expongamos la placa igual que antes. ¿Qué cabría esperar si fuera correcta la idea de que las partículas simples e individuales discurren a partir del foco luminoso hacia uno de los orificios, sufren desviación y prosiguen con arreglo a otra trayectoria rectilínea hasta chocar con la placa? Está claro que esperaríamos ver una superposición de los dos patrones de dispersión. Así pues, si, en la zona en que los dos abanicos se superponen, hubiera por ejemplo próximos a un punto determinado 25 puntos por unidad cuadrada en el primer experimento y 16

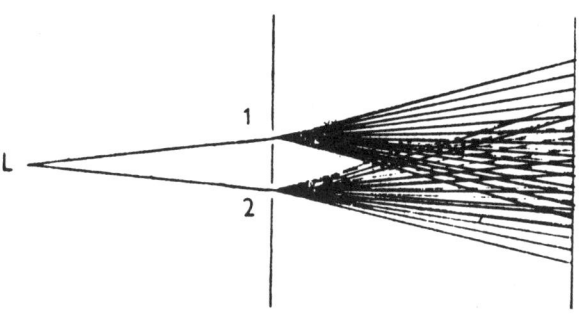

Figura 10

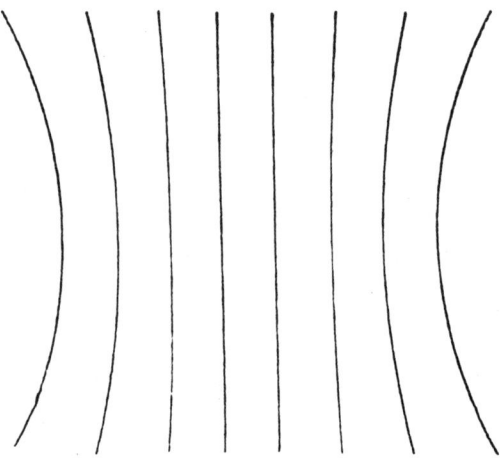

Figura 11

Las líneas indican los sitios en los que hay pocos o ningún punto, mientras que entre dos líneas los puntos abundan. Las dos líneas rectas del centro son paralelas a las ranuras.

más en el segundo, cabría pensar que en el tercer experimento observaríamos 25 + 16 = 41. Pero no sucede así. Ajustándonos a estas cifras (y *despreciando las fluctuaciones fortuitas,* para reforzar el razonamiento), obtendremos cualquier cifra entre 81 y solo 1 punto, con arreglo a la situación exacta de la placa. Esta cifra se halla en función de la posición de la placa y de la diferencia de las distancias entre los orificios. El resultado es que en la zona de superposición vemos bandas oscuras separadas por bandas menos densas.

(Nota: las cifras 1 y 81 equivalen a

$$(\sqrt{25}\pm\sqrt{16})^2 = (5\pm4)^2 = \frac{81}{1}.)$$

Si quisiéramos sostener la idea del fluir continuo e independiente de partículas simples individuales a través de uno u otro orificio, habría que aceptar algo ridículo: que en algunas zonas de la placa las partículas se destruyen entre sí en gran medida, mientras que en otras zonas «generan otras». Esto no solo es ridículo, sino experimentalmente refutable. (Si debilitamos enormemente la fuente luminosa y exponemos mucho tiempo, ¡el patrón no cambia!) La única alternativa sería suponer que una partícula que discurre a través del orificio n.º 1 sufre también influencia del n.º 2, y de un modo muy misterioso.

Hay que descartar, al parecer, la idea de atribuir a la fuente el origen del devenir de la trayectoria de una partícula que se manifiesta en la placa por medio de la reducción de un grano de bromuro de plata. *No podemos afirmar dónde se halla la partícula antes de colisionar con la placa.* No podemos determinar a través de qué orificio ha llegado. Esta es una de las lagunas corrientes en la descripción de los hechos observables, y bien definitoria de la carencia de individualidad de la partícula. Hemos de pensar en términos de ondas esféricas emitidas por la fuente, con porciones de frentes de ondas que atraviesan ambos orificios y producen ese dibujo de interferencia en la placa, pero ese mismo dibujo se manifiesta, en la *observación,* en forma de partículas simples.

La supuesta brecha en la barrera
entre sujeto y objeto

No puede negarse que el nuevo aspecto físico de la naturaleza, del que he intentado darles una idea con el ejemplo anterior, es mucho más complicado que el esquema antiguo que denominé «la idea clásica de la descripción continua, ininterrumpida». La cuestión crucial se plantea de modo natural: ¿es este modo un nuevo modo poco habitual de contemplar las cosas, en contraste con los hábitos cotidianos de reflexión y está de hecho tan profundamente arraigado en los datos de la observación que ha prevalecido y nunca podremos prescindir de él?, o ¿es quizás este nuevo aspecto el exponente, no de la naturaleza objetiva, sino del esquema de la mente humana, del nivel que nuestra comprensión de la naturaleza ha alcanzado por ahora?

Es una pregunta de muy difícil respuesta, porque ni siquiera está del todo claro qué significa esta antítesis: naturaleza objetiva/mente humana. Por un lado formamos indefectiblemente parte de la naturaleza y, por otro, aprehendemos la naturaleza objetiva como un fenómeno exclusivo de la mente. Otro aspecto que no debemos olvidar al examinar esta pregunta es el de la suma facilidad con la que podemos ser llevados a engaño si consideramos el hábito de reflexión adquirido como un postulado taxativo impuesto por nuestra mente a cualquier teoría del mundo físico. Un célebre ejemplo lo constituye Kant, quien, como saben, definió el *espacio* y el *tiempo, tal como él los conocía,* como la forma de nuestra intuición mental *(Anschauung),* siendo el espacio la forma externa y el tiempo, la forma interna de la intuición. A lo largo del siglo xix, la mayoría de los filósofos le siguieron en esta teoría. No diré que la idea de Kant era totalmente errónea, pero sí sin duda excesivamente rígida, y exigía ser modificada a la luz de nuevas posibilidades, como, por ejemplo, la de que el espacio puede ser (y probablemente es) cerrado sobre sí mismo, aunque sin límites, y la de que dos acontecimientos pueden suceder de tal modo que cualquiera de ellos cabe ser considerado como previo (esta es la faceta más novedosa de la teoría «restringida» de la relatividad de Einstein).

Pero volvamos a la pregunta, por muy pobremente que haya sido formulada: ¿está la imposibilidad de descripción continua, sin lagunas e ininterrumpida en el espacio y en el tiempo, basada en hechos irrebatibles? Los físicos opinan en general que así es. Bohr y Heisenberg han propuesto una teoría sumamente ingeniosa al respecto, y que tiene una explicación tan simple que ha pasado a la mayoría de los libros de texto sobre el tema, lamentablemente en mi opinión, ya que su implicación filosófica suele ser mal interpretada. Argumentaré contra ella, pero primero la expondré sucintamente.

Va como sigue. No podemos hacer afirmación factual alguna sobre un determinado objeto natural (o sistema físico) sin «entrar en contacto» con él. Este «contacto» es una interacción física real. Incluso si consiste tan solo en «mirar el objeto», este recibe inevitablemente rayos luminosos y los refleja en el ojo, o cualquier otro instrumento de observación. Esto significa que el objeto *queda intervenido* por el hecho de ser observado. No puede obtenerse ningún conocimiento sobre un objeto absolutamente aislado. Prosigue la teoría afirmando que esta alteración no es ni irrelevante ni del todo detectable. Por lo tanto, al cabo de una serie de laboriosas observaciones, el objeto queda en un estado del que conocemos ciertas características (las últimas observadas), pero desconocemos otras (las intervenidas por la última observación), o las conocemos con poca exactitud. Este estado de cosas es la explicación viable de la imposibilidad de descripción completa y sin lagunas de todo objeto físico.

Pero, evidentemente, estas intervenciones,

aun cuando se dan, nos indican tan solo que no puede llevarse a cabo semejante descripción, pero *no* nos convencen de que seamos incapaces de formarnos en la mente un modelo completo, sin lagunas, a partir del cual todo lo observable pueda aprehenderse o preverse correctamente, hasta el grado de certeza que permite la inexactitud de la observación. La situación sería igual a la que se da al principio del juego del *whist,* según cuyas reglas solo conocemos una cuarta parte de las 52 cartas, aunque sepamos que los otros jugadores tienen otros tantos lotes de 13 cartas que no cambian durante el juego y que nadie más tiene la reina de corazones (porque la tengo yo), que hay exactamente seis tréboles entre las cartas que no veo (porque yo tengo 7) y así en adelante.

Esta interpretación sugiere por sí sola que hay un objeto físico del todo determinado, pero que nunca podré saberlo todo sobre él. Sin embargo, esto equivaldría a un total equívoco acerca de lo que proponen Bohr y Heisenberg, así como sus seguidores contemporáneos. Lo que quieren decir ellos es que el objeto no tiene una existencia independiente del sujeto que observa. Quieren decir que los recientes descubrimientos en física han puesto de relieve la misteriosa barrera entre *sujeto* y *objeto* y, en consecuencia, se ha visto que esta no resulta ser una barrera del todo definida. Hay que entender que nunca observamos un objeto sin que este se modifique o se impregne de nuestra propia actividad de observación. Hay que entender que bajo el impacto de nuestros refinados métodos de observación y de la reflexión sobre los resultados de nuestros experimentos, *se ha roto* esa misteriosa barrera entre sujeto y objeto.

La opinión de quienes podemos considerar como los dos representantes teóricos más eminentes de la teoría cuántica merece, qué duda cabe, gran atención; y el hecho de que otros tantos eminentes científicos no rechacen su opinión, sino más bien parezcan aceptarla, no hace sino aumentar la necesidad de examinarla. Pero, al hacerlo, no puedo por menos que expresar ciertas objeciones.

No creo tener prejuicios contra la importancia que tiene la ciencia desde el punto de vista puramente humano. Creo que el título de estas conferencias es suficientemente expresivo, y he explicado ya en la introducción que considero la ciencia parte integrante de nuestro esfuerzo por dar una respuesta a la pregunta filosófica esencial que resume todas las demás, aquella que planteaba escuetamente Plotino mediante su breve τίνες δέ ἡμεῖς (*¿qué somos?*). Aun más: considero esto no una de las tareas de la ciencia, sino *la* tarea, la única que cuenta realmente.

Pero, aun así, no puedo creer (y esta es mi primera objeción) que la profunda exploración filosófica de la relación entre sujeto y objeto y del verdadero significado de la distinción entre ambos dependa de los resultados cuantitativos de mediciones físicas y químicas realizadas con balanzas, espectroscopios, microscopios, telescopios, detectores Geiger-Müller, cámaras Wilson, emulsiones fotográficas, dispositivos para determinar la vida media radiactiva y todo el resto. No es muy fácil explicar por qué no lo creo. Presiento cierta incongruencia entre los medios empleados y el problema a resolver. No siento tanta desconfianza con respecto a otras ciencias, la biología en particular, y de modo especial la genética y los hechos sobre la evolución. Pero no es el momento de hablar de ello.

Por otra parte (y esta es la segunda objeción), la premisa de que toda observación depende tanto del sujeto como del objeto, que están inextricablemente interrelacionados, no es una premisa nada nueva, es más bien tan antigua como la propia ciencia. Aunque, en los veinticuatro siglos que nos separan de ellos, nos hayan llegado pocos datos y citas de los dos grandes hombres de Abdera, Protágoras y Demócrito, sabemos que, a su manera, ambos sostenían que todas nuestras sensaciones, percepciones y observaciones llevan una fuerte huella personal y subjetiva, y que no expresan la naturaleza auténtica del objeto (la diferencia entre ellos consiste en que Protágoras hacía caso omiso del objeto, ya que para él solo eran verdaderas nuestras sensaciones, mientras que Demócrito pensaba de otra manera). Desde entonces la pregunta no ha cesado de plantearse siempre que de ciencia se ha tratado; podemos seguir su desarrollo a través de los siglos y citar la actitud de Descartes, Leibniz o Kant frente a ella. Pero debo mencionar algo con el fin de que no se me tache de injusto para con los físicos cuánticos contemporáneos. Dije que su afirmación de que, en la percepción y la observación, sujeto y objeto están inextricablemente interrelacionados no era en absoluto nueva. Ellos podrían alegar que algo hay en ella que sí es nuevo. Creo que es cierto que, en siglos anteriores, al debatir el tema, se tenía primordialmente en cuenta dos cosas: a) una impresión física directa causada por el objeto en el sujeto, y b) el estado del sujeto que recibe la impresión. Frente a esto, en el actual orden de ideas, la influencia física y causal entre ambos se considera *recíproca*. Se dice también que existe una impresión inevitable e incontrolable por parte del sujeto sobre el objeto. Este matiz *es* nuevo y, diría yo, más adecuado en todo caso, ya que la acción física siempre es *inter*-acción, siempre *es* recíproca. Lo que para mí sigue siendo dudoso es si es adecuado emplear la palabra «sujeto» para uno de los dos sistemas de interacción física. *Como la mente del observador no es un sistema físico, no puede interactuar con ningún sistema físico.* Por lo que sería mejor reservar la palabra «sujeto» para la mente que observa.

Átomos o cuantos. El antiguo exorcismo para soslayar el embrollo del continuum

Sea lo que fuere, parece conveniente examinar la materia desde varios ángulos. Un punto de vista muy sugerente, que he mencionado en estas conferencias, es el de que las actuales dificultades de la ciencia física van vinculadas a la evidente complicación conceptual inherente a la idea de *continuum*. Me explicaré. ¿Cómo van vinculadas? ¿Cuál es exactamente su mutua relación?

Si consideramos el desarrollo de la física en el último medio siglo, se obtiene la impresión de que el aspecto discontinuo de la naturaleza se nos ha impuesto muy en contra de nuestra voluntad. Parecíamos muy satisfechos con el *continuum*. A Max Planck le asustaba profundamente la idea del intercambio energético discontinuo que él mismo propuso en 1900 para explicar la distribución de energía en la radiación del cuerpo negro. Hizo asombrosos esfuerzos para debilitar la hipótesis y, en la medida de lo posible, distanciarse de ella. Todo en vano. Veinticinco años después, los inventores de la mecánica ondulatoria cayeron temporalmente en la fundada esperanza de que desbrozaban el camino a la descripción clásica continua, pero vieron también frustradas sus esperanzas. La propia naturaleza parecía rechazar la descripción continua, y este rechazo no parecía tener *nada* que ver con las aporías de los matemáticos al tratar sobre el *continuum*.

Esta es la impresión que se obtiene de los últimos cincuenta años. Pero la teoría cuántica se remonta a veinticuatro siglos, a los tiempos de Leucipo y Demócrito, inventores de la primera discontinuidad: los átomos aislados flotando en el espacio. Nuestra noción de partícula elemental procede históricamente de su noción de átomo y deriva, en su concepción, de su noción de átomo; *nos hemos atenido simplemente a ella*. Estas partículas resultan ser ahora *cuantos de energía*, porque, como descubrió Einstein en 1905, *masa y energía son una misma cosa*. Por lo tanto, la idea de discontinuidad es realmente muy antigua. ¿Cómo surgió? Quiero puntualizar que se origina precisamente en la complejidad del *continuum,* es como, si dijéramos, un arma defensiva contra esta complejidad.

¿Cómo tuvieron los antiguos atomistas la idea del atomismo de la materia? La cuestión cobra en nuestro tiempo algo más que un simple interés histórico y se convierte en epistemológicamente importante. A veces se plantea la pregunta del siguiente modo, con el ánimo de un profundo asombro: ¿cómo se les ocurrió a aquellos pensadores, con tan escasos conocimientos de las leyes físicas y en la absoluta ignorancia de cualquier hecho experimental relevante, la teoría *correcta* sobre la composición de los cuerpos materiales? A veces la gente muestra tal desconcierto ante semejante «golpe de suerte» que prefiere afirmar que fue por casualidad antes que atribuir a los antiguos atomistas mérito alguno. Alegan que su teoría atómica no pasa de ser una simple suposición sin fundamento que podría perfectamente haber resultado errónea. Ni qué decir tiene que quienes llegan a tan curiosa conclusión son siempre científicos, nunca un humanista.

Yo la rechazo, por lo que me obligo a responder a la pregunta. No es muy difícil. Los atomistas y sus ideas no surgen espontáneamente de la nada; les precede la gran evolución que empieza con Tales de Mileto (hacia el 585 a.C.) más de cien años antes. Fueron los continuadores de la pasmosa línea especulativa de los *fisiólogoi* jónicos. Su predecesor inmediato fue Anaxímenes, cuya doctrina principal consistía en señalar la importancia primordial de la «rarefacción y la condensación». A partir de un minucioso análisis de la experiencia cotidiana, Anaxímenes elaboró su tesis según la cual toda partícula de materia adopta el estado sólido, líquido, gaseoso e «ígneo»; que los cambios de un estado a otro no implican un cambio de naturaleza, sino que se producen de un modo geométrico, por decirlo así, al expandirse la misma cantidad de materia en un volumen cada vez mayor (rarefacción) o, en las transiciones opuestas, reduciéndose o comprimiéndose en un volumen cada vez menor. Esta idea se ajusta tanto a la realidad que podría figurar de prólogo en cualquier tratado moderno de física sin necesidad de modificaciones sustanciales. Además, no es ni mucho menos una suposición infundada, sino el resultado de una cuidadosa observación.

Si intentan asimilar la idea de Anaxímenes, deducirán por lógica que el cambio de propiedades de la materia —la rarefacción, pongamos por caso— se debe sin duda alguna a que sus partes se separan enormemente entre sí. Pero este es un proceso muy difícil de imaginar si se piensa en la materia como en un *continuum* sin interrupción. ¿Qué se aparta de qué? Los matemáticos de aquella época consideraban que una línea geométrica está formada por puntos. Quizás sea cierto considerada aisladamente, pero, si es una línea *material* y la estiramos, ¿no se apartan los puntos entre sí dejando huecos? El alargamiento no puede *producir* nuevos puntos, y la misma serie de puntos no puede cubrir un intervalo mayor.

La mejor salida a estas dificultades, *que radican en el carácter misterioso del* continuum, es la que han adoptado los atomistas, es decir, la de considerar la materia formada por «puntos» aislados, o pequeñas partículas, que se apartan unas de otras en la rarefacción y se aproximan en la condensación sin sufrir modificación alguna. Este último dato es importante. Sin él, el concepto de que en estos procesos la materia se mantiene intrínsecamente inalterable sería muy vago. Los atomistas lo explican diciendo que las partículas no sufren alteración y que solo cambia su constelación geométrica.

Por lo tanto, parece que la ciencia física en su estado actual —en el que es el producto directo y la continuación ininterrumpida de la antigua ciencia— surge en sus orígenes debido al deseo de evitar la vaguedad intrínseca del concepto de *continuum,* cuyo aspecto precario se percibía en aquella época más que en los tiempos modernos, hasta hace muy poco. Nuestra impotencia en lo que respecta al *continuum,* reflejada en las actuales dificultades de la teoría cuántica, no es una secuela, sino la comadrona del nacimiento de la ciencia y, si les parece, una comadrona diabólica como el hada decimotercera del cuento de la Bella Durmiente. Su mal de ojo ha sido exorcizado durante mucho tiempo con la genial invención del atomismo. *Esto explica por qué el atomismo ha resultado tan fructífero, duradero e indispensable*. No fue una brillante ocurrencia de pensadores que «en el fondo nada sabían al respecto», sino un poderoso exorcismo del que no podemos prescindir mientras perdure la dificultad contra la que actúa.

Con esto no quiero decir que haya que tirar el atomismo por la borda. Sus inapreciables hallazgos —en particular la teoría estadística termodinámica— son logros imperecederos. Nadie puede prever el futuro. El atomismo se enfrenta a una grave crisis; los átomos —nuestros átomos modernos, las partículas finales— ya no pueden considerarse entidades identificables. Lo cual supone una evidente desviación de la idea original de un átomo que nadie hubiera jamás contemplado. Hay que estar preparados para cualquier eventualidad.

¿Qué posibilidades tiene el libre albedrío frente a la indeterminación física?

En la página 26, nos hemos referido brevemente al antiguo dilema de la aparente contradicción entre la postura determinista ante los hechos materiales y lo que en latín se denomina *liberum arbitrium indifferentiae,* y que en el lenguaje moderno corresponde al libre albedrío. Espero que todos entiendan lo que quiero decir: como mi vida mental está claramente muy estrechamente vinculada a las vicisitudes fisiológicas de mi cuerpo y en particular de mi cerebro, entonces si estas se hallan estricta y unívocamente determinadas por leyes de carácter físico y químico, ¿qué ocurre con mi sentimiento inalienable de que *yo* soy quien adopta decisiones para actuar de un modo o de otro?, y ¿cómo es que me siento responsable de la decisión que de hecho adopto? ¿No estará todo lo que hago mecánicamente determinado de antemano por el estado material de mi cerebro, incluidas las modificaciones causadas por cuerpos externos, y no será ilusoria la sensación de libertad y responsabilidad?

Esto es algo que nos abruma como una auténtica aporía, cuya paternidad corresponde a Demócrito, quien la comprendió del todo perfectamente aunque la eludiera —con prudencia, en mi opinión—. Lo comprendió perfectamente. Mientras se atenía a sus «átomos y al vacío» como único medio razonable de aprehender la naturaleza del objeto, hemos obtenido algunas de sus declaraciones en el sentido de que también comprendió que toda su teoría de los átomos y del vacío era una creación de la mente humana ante la evidencia de la percepción sensorial y nada más; se conservan otras declaraciones en las que afirma, casi con palabras de Kant, que no sabemos nada sobre cómo son realmente las cosas, ya que la verdad definitiva es inescrutable.

Epicuro adoptó las teorías físicas de Demócrito (por cierto, sin saberlo) y, aunque menos sabio y muy preocupado por inculcar a sus discípulos una actitud moral buena, profunda e inquebrantable, hizo incursiones en la física e inventó sus famosos (o lamentables) desvíos, muy parecidos a las ideas modernas sobre la «incertidumbre» de los hechos físicos. No entraré en detalles, pero baste decir que se apartó del determinismo físico de un modo bastante pueril, sin fundamento experimental alguno, por lo que no prosperó.

El problema siguió pendiente y volvió a surgir de modo relevante —o cuando menos surgió un problema de estructura *lógica* muy similar— con san Agustín, en forma de aporía teológica. Dios Todopoderoso asume el papel de Ley de la Naturaleza, pero, como para quien cree en Dios la Ley de la Naturaleza es claramente Su ley, creo no equivocarme al afirmar que se trata del mismo problema.

Como sabemos, la gran dificultad de san Agustín era precisamente la de que, si Dios es omnisciente y todopoderoso, no podemos hacer nada que Él no sepa y quiera —no solo que no lo consienta, sino que no lo determine—. Entonces, ¿cómo podemos ser responsables de nuestros actos? Supongo que la respuesta religiosa a este tipo de preguntas debe ser necesariamente la de que nos enfrentamos aquí a un profundo misterio que escapa a nuestra comprensión, pero que sin duda no hay que tratar de resolverlo negando la responsabilidad. Digo que no debemos tratar o que *más vale que no tratemos* de hacerlo porque fracasaríamos lamentablemente. El sentimiento de responsabilidad es congénito y nadie puede suprimirlo.

Pero volvamos a la forma original de la pregunta y al papel que el determinismo físico desempeña en ella. Es evidente que la denominada «crisis de la causalidad» en la física contemporánea parece suscitar grandes esperanzas de librarnos de esta paradoja o aporía.

¿Puede acaso la llamada *indeterminación* permitir que el *libre albedrío* ocupe ese hueco de manera que sea el *libre albedrío el que determine* los acontecimientos que la Ley de la Naturaleza deja indeterminados? A primera vista, esta esperanza resulta evidente y comprensible.

Se hizo un intento en esta forma rudimentaria, y la idea fue desarrollada, hasta cierto punto, por el físico alemán Pascual Jordan. Personalmente considero que es una solución imposible, tanto física como moralmente. En cuanto a lo primero, con arreglo al actual punto de vista, las leyes cuánticas, aunque dejan indeterminado el hecho aislado, predicen una estadística bastante definida de hechos cuando la misma situación se reproduce una y otra vez. Si un agente cualquiera interfiere estas estadísticas, está violando las leyes de la mecánica cuántica de un modo tan cuestionable como si interfiriera —en la física precuántica— una ley mecánica estrictamente causal. Ahora sabemos que *no hay estadística* en lo que se refiere a la reacción de una misma persona a una misma situación moral, sino que la regla establece que un mismo individuo en la misma situación vuelve a actuar exactamente de la misma manera. (¡Ojo!, exactamente en la misma situación; esto no significa que un delincuente o un adicto no pueda enmendarse o curarse por persuasión, por ejemplo, o por lo que sea —por efecto de una fuerte influencia externa; pero esto, naturalmente, significa que la situación ha cambiado—.) De ello se deduce que la hipótesis de Jordan —la intervención directa del libre albedrío para colmar el hueco de la indeterminación— sí implica una interferencia de las leyes de la naturaleza, incluso en su forma aceptada en la teoría cuántica. Pero a este precio, desde luego, se logra cualquier cosa. No es la solución del dilema.

El filósofo alemán Ernst Cassirer (que falleció en 1945 en Nueva York, donde se exiló huyendo del régimen nazi) presentó con vehemencia una objeción moral. La crítica que hace Cassirer de las ideas de Jordan proviene de su profundo conocimiento de la situación de la física. Intentaré resumirlo brevemente. Diría que puede resumirse así: el libre albedrío del hombre conlleva, como factor preponderante, la conducta ética del hombre. Si suponemos que los hechos físicos en el espacio y en el tiempo no están en gran medida estrictamente determinados y están del todo sujetos al azar, como cree la mayoría de los físicos de hoy, esta faceta aleatoria de los hechos en el mundo material sería indudablemente (dice Cassirer) *la última en invocarse como correlato físico a la conducta ética del hombre.* Porque, de hecho, lo es todo menos aleatoria; en realidad, está profundamente determinada por motivos que van desde los más viles hasta los más sublimes, desde la codicia y el despecho hasta el auténtico amor al prójimo o la sincera devoción religiosa. El lúcido razonamiento de Cassirer nos hace ver tan claramente cuán absurdo es fundamentar el libre albedrío, incluida la ética, en el azar físico que la dificultad previa —el antagonismo entre libre albedrío y determinismo— se tambalea y casi desaparece bajo los golpes que Cassirer asesta a su antagonista. «Incluso el reducido campo», añade Cassirer, «que le deja la mecánica cuántica a lo predecible, bastaría para destruir la libertad ética, si el concepto y el auténtico significado de esta fueran irreconciliables con lo predecible.» Efectivamente, uno empieza a preguntarse si la supuesta paradoja es realmente tan extraña al fenómeno mental de la voluntad, no siempre fácil de prever «desde fuera» y normalmente profundamente determinado «desde dentro». En mi opinión, esta es la idea más válida de toda esta controversia: la balanza se inclina a favor de una posible reconciliación del libre albedrío con el determinismo físico a partir del momento en que comprendemos cuán inadecuado es el fundamento que el azar brinda a la ética. Podríamos ampliar este punto y recurrir, para cubrirnos, a incontables pasajes de poetas y novelistas. En la novela de John Galsworthy *Flor sombría*, los pensamientos nocturnos inconexos de un joven aluden a ello: «Pero esta era la cuestión: nunca puede pensarse cómo serían las cosas si no fueran como son y como están. Tampoco podría saberse nunca lo que pasaría y, sin embargo, cuando pasara, parecería como si nada hubiera sucedido. Era extraño no poder hacer nada placentero hasta haberlo *hecho* y, una vez hecho, saber entonces, claro está, que siempre hay que...». Hay un célebre párrafo en *Wallenstein's Tod* (II, 3):

Des Menschen Taten und Gedanken, wisst!
Sind nicht wie Meeres blindbewegte Wellen.
Die innre Welt, sein Mikrokosmus, ist
Der tiefe Schacht, aus dem sie ewig quellen.
Sie sind notwendig, wie des Baumes Frucht;
Sie kann der Zufall gaukelnd nicht verwandeln.
Hab ich des Menschen Kern erst untersucht,
So weiss ich auch sein Wollen und sein Handeln.

¡Cuidado!, las obras y los pensamientos humanos
No son como la espuma ciega del océano,
Su mundo interior, su microcosmos, siente

El profundo pozo de sus eternas fuentes.
Son necesarias como el fruto del árbol,
Inalterables al azar ciego del prestidigitador.
Si pudiera entrever la oscura entraña humana,
Conocería de antemano su voluntad y sus actos.

La verdad es que, en su contexto, estas líneas se refieren a la creencia devota de Wallenstein en la astrología, que nosotros no compartimos. Pero ¿no es la simple atracción que ejerce la astrología, esa irresistible atracción que durante siglos ha ejercido sobre la mente del hombre, prueba del hecho de que no estamos preparados para considerar nuestro destino como puro resultado del azar, a pesar de que, o quizás precisamente porque, depende en gran medida de que adoptemos la decisión adecuada en el momento oportuno? (Pero solemos carecer de la información necesaria para hacerlo, y ¡ahí interviene la astrología!)

El impedimento de la predicción
según Niels Bohr

Pero volvamos al tema que nos ocupaba. Bohr y Heisenberg intentaron dar una explicación mucho más seria e interesante a la dificultad fundamentándola en la idea, mencionada más arriba, de que existe una interacción recíproca incontrolable entre el observador y el objeto físico observado. El razonamiento es a grandes rasgos como sigue: la supuesta paradoja radica en que, según la interpretación mecanicista, al lograr el conocimiento exacto de la configuración y velocidades de todas las partículas elementales del cuerpo humano, incluido el cerebro, podríamos predecir sus acciones voluntarias —que, entonces, dejan de ser lo que creíamos que eran, o sea voluntarias—. El hecho de que no podamos realmente lograr ese conocimiento detallado no sirve de mucho. Incluso lo teóricamente predecible nos sorprende.

A esto replica Bohr que el conocimiento no puede adquirirse ni siquiera *en principio,* ni en teoría, porque una observación tan minuciosa implicaría tan enorme interferencia con «el objeto» (el cuerpo humano) que esta lo disociaría en partículas aisladas, lo mataría con tanta eficacia que ni siquiera quedaría un cadáver para enterrar. En todo caso, no se obtendría predicción de comportamiento alguna antes de que el «objeto» estuviera mucho más allá del estado en que pudiera manifestar cualquier comportamiento voluntario.

Naturalmente, se sitúa el énfasis en la expresión «en principio». Que este conocimiento no puede lograrse realmente, ni siquiera para los organismos vivos más elementales, y no digamos ya para un animal superior como es el hombre, queda claro sin necesidad de recurrir a la teoría cuántica ni a la relación de incertidumbre.

No cabe duda de que la reflexión de Bohr es interesante. Sin embargo, yo diría que más que convencernos, nos abruma, como en algunos axiomas matemáticos: se acepta A y B, seguidas de C y D, y así sucesivamente, sin opción a ningún paso intermedio, para finalmente llegar al interesante resultado Z. Hay que aceptarlo, pero no vemos cómo se produce realmente, porque la demostración no da explicación alguna de ello. En el caso que nos ocupa, yo diría que los argumentos de Bohr demuestran que las actuales perspectivas en la física —en particular en el plano de la ausencia de estricta causalidad (o en el plano de la relación de incertidumbre)— impiden *en principio* la predictibilidad. Pero no vemos de dónde surge tal cosa. Dada la estrecha relación que el razonamiento de Bohr guarda con la falta de estricta causalidad observable, nos sentimos incluso inclinados a sospechar que simplemente volvemos a encontrarnos ante la sugerencia de Jordan, pero bajo un disfraz más sutil como para resguardarse de los argumentos de Cassirer.

Podríamos objetar con todo derecho que así es. Creo realmente que debo acusar a Bohr —aunque, de hecho, sea una de las personas más amables que haya conocido— de crueldad innecesaria por proponer matar a su víctima mediante la observación. No veo para qué sirve. Nunca nos daría, con arreglo a la mecánica cuántica, la serie completa de configuraciones y velocidades de todas las partículas, porque, según las actuales perspectivas, esto es imposible. El equivalente de este conocimiento total en física clásica se denomina, en física cuántica, observación máxima, o sea, la que extrae el máximo de conocimiento obtenible. *Nada en las tesis hoy en día aceptadas prevé que tengamos que obtener ese conocimiento máximo de un cuerpo vivo.* Debemos admitir la posibilidad en principio, aunque sepamos perfectamente que en la práctica no puede lograrse. Este estado de cosas es exactamente el mismo que el del conocimiento total en física clásica. Además, precisamente como en la física clásica, podemos a partir de una observación máxima, que nos brinde ahora el máximo conocimiento, deducir, en principio, el máximo conocimiento en cualquier tiempo posterior. (Naturalmente, hay que obtener igualmente el mismo conocimiento de todos los que entretanto actúan sobre el objeto; pero esto es en principio posible y, una vez más, es totalmente análogo al caso de la física mecanicista clásica.) La única diferencia fundamental es que ese máximo conocimiento en un tiempo posterior puede suscitar dudas sobre características muy evidentes del comportamiento realmente observable del objeto en ese momento posterior, tanto más cuanto mayor sea el tiempo transcurrido.

Por lo tanto, en sus argumentos, Bohr aduce, al parecer, una impredictibilidad *física* del comportamiento de un cuerpo vivo, una vez más a partir de la falta de causación estricta sostenida por la teoría cuántica. Al margen de que la indeterminación física desempeñe o no un papel relevante en la vida orgánica, considero que debemos negarnos rotundamente a convertirla, por los motivos expuestos, en la contrapartida física de los actos voluntarios de los seres vivos.

La conclusión clara es que la física cuántica nada tiene que ver con los problemas del libre albedrío. Si este problema existe, no encontrará apoyo alguno en el último salto adelante de la física. Citando a Ernst Cassirer: «Queda por tanto claro (...) que un posible cambio en el concepto físico de la causalidad no incide directamente en la ética».

Bibliografía

A.S. Eddington, *The Nature of the Physical World,* Conferencias Gifford, 1927, Cambridge University Press, 1929.

Ernst Cassirer, *Determinismus und Indeterminismus in der modernen Physik,* Götheborgs Högskolas Arsskrift 42, Götheborg, 1937.

Pascual Jordán, *Anschauliche Quantentheorie,* Springer, Berlín, 1936.

N. Bohr, «Licht und Leben», «Naturw» 21, 245, 1933.

W. Heisenberg, *Wandlungen in den Grundlagen der Naturwissenschaft,* S. Hirzel, Leipzig, 1935-1947.

M. Born, *Natural Philosophy of Cause and Chance,* Oxford University Press, 1949.

Volumen VII de la «Library of Living Philosophers», *Albert Einstein: Philosopher-Scientist;* libro colectivo que termina con un ensayo crítico sobre Einstein, del que se reeditó una selección en *Physics Today,* febrero de 1950.

Hermann Diels, *Die Fragmente der Vorsokratiker,* Weidmann'sche Buchhandlung, Berlín, 1903.

E.C. Titchmarsh, *Theory of Functions,* Oxford University Press, 1939.

José Ortega y Gasset, *La rebelión de las masas*, Espasa-Calpe Argentina, Buenos Aires-México, 1937; esta edición incluye un «Prólogo para franceses» y un «Epílogo para ingleses».

VV.AA., *Albert Einstein: Philosopher-Scientist*, vol. VII de la «Library of Living Philosophers», libro colectivo que termina con un ensayo crítico sobre Einstein, del que se reeditó una selección en *Physics Today*, febrero de 1950.